Für Colin, Ian und James

Aus dem Englischen übersetzt von Dr. Anette Pause
Redaktion: Dr. Jens-Uwe Voss
Korrektur: Annette Baldszuhn
Einbandgestaltung: Studio für Illustration und Fotografie, Icking,
Sascha Wuillemet
Herstellung: Dieter Lidl
Satz: Fotosatz Völkl, Puchheim

Copyright © 2004 der vorliegenden Ausgabe
by Kaleidoskop Buch im Christian Verlag
www.christian-verlag.de

Copyright © 1999 der deutschsprachigen Erstausgabe mit dem Titel
Ideale Pflanzpartner by Christian Verlag, München

Die Originalausgabe mit dem Titel *Classic Plant Combinations*
wurde erstmals 1998 im Verlag Conran Octopus Limited, London, veröffentlicht
Copyright © 1998 für den Text: David Stuart
Copyright © 1998 für Design und Layout: Conran Octopus Limited
Design: Amanda Lerwill
Bildredaktion: Julia Pashley und Mel Watson

Druck und Bindung: Delo Tiskarna, Ljubljana
Printed in Slovenia

Alle deutschsprachigen Rechte vorbehalten

ISBN 3-88472-823-7

Vorhergehende Seite: Akelei *(Aquilegia),* Kornrade *(Agrostemma githago)* und Leinkraut *(Linaria maroccana)* bilden eine raschwüchsige, pflegeleichte Kombination, die gut in Cottage-Gärten passt.
Links: Panaschierte Sumpfschwertlilie *(Iris pseudacorus)* und die Kandelaberprimel *Primula pulverulenta* eignen sich gut für eine im Stil des 19. Jahrhunderts gehaltene Pflanzung in einem feuchten Beet.
Rechts: Tagetes sind seit dem 17. Jahrhundert beliebt. Sie sehen zwischen Zwiebelreihen hübsch aus und können sogar Schädlinge fern halten.
Folgende Doppelseite: Borretsch *(Borago officinalis)* und Ringelblume *(Calendula officinalis)* sind klassische Pflanzpartner, die schon im Mittelalter oder sogar noch früher miteinander kombiniert wurden.

David Stuart

Gärtnern mit 75 klassischen Pflanzenkombinationen

Die schönsten Vorschläge berühmter Gartengestalter

Kaleidoskop Buch

Inhalt

6 Einleitung

18 Kletterpflanzen und dekorative Pflanzen an Mauern
Eine berühmte Gartendesignerin: Gertrude Jekyll

38 Wald- und Wasserpflanzen
Ein berühmter Gartendesigner: Claude Monet

18 Küchengärten
Eine berühmte Gartendesignerin: Rosemary Verey

86 **Wildblumenwiesen**
Ein berühmter Gartendesigner:
Christopher Lloyd

106 **Cottage-Gärten**
Eine berühmte Gartendesignerin:
Margery Fish

130 **Gärten von Pflanzensammlern**
Zwei berühmte Gartendesigner:
Wolfgang Oehme und James van Sweden

154 Auswahl sehenswerter Garden

155 Bezugsquellen

156 Register

158 Bildquellen und Danksagung des Autors

Einleitung

Von idealen Pflanzpartnern spricht man, wenn die Blüten und/oder die Blätter der beteiligten Pflanzen so miteinander harmonieren, dass die Pflanzen sich in ihrer Wirkung gegenseitig ergänzen und zusammen schöner aussehen als allein. Derartige Kombinationen sind zeitlos schön und überdauern deshalb auch modebedingte Geschmacksänderungen.

Solche gelungenen Zusammenstellungen kannte man schon in der Antike. In unserer Zeit wurden verschiedene Gartengestalter wegen ihres Geschicks, Pflanzen besonders ansprechend miteinander zu kombinieren, sehr berühmt. Einige wurden nur wegen eines einzigen von ihnen angelegten Gartens bekannt, der oft ihr eigener war.

Schon die alten Ägypter liebten das Nebeneinander verschiedener Pflanzenformen und -farben. In vielen ägyptischen Grabstätten finden sich Fresken, die wunderschöne, fruchtbare Gärten zeigen. Diese Gärten sollten die Lebenden und die Geister der Toten erfreuen und nähren. Die als heilig verehrte Lotosblume *(Nelumbo nucifera)* lieferte nicht nur essbare Knollen, sondern war auch ein wichtiges religiöses Symbol. Auf Malereien, die Gewässer zeigen, findet man sie wunderschön kombiniert mit Papyrusstauden *(Cyperus papyrus)*, und Obst- und Blumengärten sind auf Malereien häufig von stilisierten Dattelpalmen und Ölbäumen dekorativ umrahmt.

Viele römische Fresken, vor allem die der großen Villen Roms und Pompejis, zeigen Gärten mit zahlreichen Vögeln und anderen Wildtieren. Die Bäume sind üppig mit Früchten behangen, und die Blumen blühen überaus reich. Auf diesen Fresken stellte

Gegenüber oben: Diese Trennwand entstammt der japanischen Malerschule Kano aus dem späten 18. Jahrhundert. Sie zeigt einen alten, verdreht wachsenden Pflaumenbaum, der noch prächtig blüht. Neben dem Baum wächst hoher Bambus, dessen immergrüne Blätter Beständigkeit und Lebenskraft im Alter symbolisieren.

Gegenüber unten: In altägyptischen Gärten pflanzte man Reihen silbriger, knorriger Ölbäume und Palmen mit grazilen, dunkelgrünen Wedeln. Hier ist der Garten von Medinet Habu aus dem Sennjedem-Grab in Theben zu sehen (um 1200 v. Chr.).

Oben: In dieser Malerei aus dem Palast von Amenhotep in Malqata fliegen Enten aus nebeneinander liegenden Büscheln stilisierter Papyrusstauden und Lotosblumen auf. Heute befindet sich das Werk im Ägyptischen Museum in Kairo.

Einleitung

Rechts: Etwa aus dem 1. Jahrhundert n. Chr. stammt dieses römische Fresko. Es zeigt eine Obstbaumanlage am Haus der Kaiserin Livia in Prima Porta, Italien. Zwischen Granatäpfeln gedeihen gefüllte rote Rosen zusammen mit Wiesenmargeriten und Zypressen. Eine solche Pflanzenkombination, die allerdings ein sehr wintermildes Klima erfordert, sähe bestimmt auch in einem heutigen Garten sehr schön aus.

man gern Granatäpfel und rote Kohlrosen zusammen dar. Dabei stand der Granatapfel für Eheglück und Fruchtbarkeit, während die schöne, aber stachelige Rose eine andere Botschaft vermittelte. Viele dieser Fresken deuten auf eine Blütezeit des Gärtnerns hin. Einige Vorstellungen hatten die Römer von älteren griechischen Vorbildern übernommen. Die Griechen glaubten beispielsweise, dass die Götter den Granatapfel aus Elysium, dem Land der Seligen, nach Griechenland gebracht hätten.

Auch im Mittleren und Fernen Osten schrieb man Pflanzenkombinationen vielfach symbolische Bedeutungen zu: Im alten Persien galt die Trauerweide als Symbol für Majnun, den Geliebten der ertrunkenen Laila, deren Abbild die Seerose ist. Jasmin verkörperte Wohu Manah, den Erzengel der guten Geister und der göttlichen Weisheit in der Lehre Zarathustras, und war ein Sinnbild für weibliche Schönheit. Häufig pflanzte man ihn zusammen mit Rosen und Heckenkirschen und ließ alle einander umschlingen.

Man weiß nicht viel darüber, wie die Gärten Europas nach dem Untergang des Römischen Reiches gestaltet wurden. Diese Zeit war jedoch vor allem in Ost- und Südeuropa turbulent, und vermutlich fand ein – wenn auch geringer – Austausch von Pflanzen wie auch Ideen statt, der vor allem von den üppigen byzantinischen Gärten Asiens ausging. Verschiedene Neueinführungen wie die Brennende Liebe *(Lychnis chalcedonica)* erfolgten, zumindest der Legende nach, in Verbindung mit den Kreuzzügen. Mit hoher Wahrscheinlichkeit fanden einige Kreuzzügler so viel Gefallen an den byzantinischen und maurischen Gärten, dass sie diese an entfernten Orten nachbildeten, zum Beispiel in Hesdin (Nordfrankreich) und Palermo (Sizilien). Die damaligen europäischen Gärten waren demnach wohl nicht so faszinierend.

Aus dem späteren Mittelalter ist viel mehr darüber bekannt, welche Pflanzen zusammen kultiviert wurden. Eine noch heute beliebte Pflanzenkombination aus dieser Zeit sind Madonnenlilie *(Lilium candidum)*, Deutsche Schwertlilie *(Iris germanica)* und Akelei *(Aquilegia vulgaris)*. Diese Pflanzpartner sind auf vielen religiösen Gemälden nebeneinander zu finden.

Im Fernen Osten wurden beliebte Pflanzpartner sehr dekorativ auf zahlreichen Bildern festgehalten, mit denen man um das Jahr 800 n. Chr. Trennwände, Bildrollen und

Unten links: Ein römisches Mosaik aus Tunesien: Dargestellt sind junge Weinreben, die gemeinsam mit Hirsepflanzen in Töpfen wachsen und an deren aufrechten Halmen emporklettern. Vergleichbar ist die mittelamerikanische Mischkultur von Mais und kletterndem Kürbis (siehe Seite 70).

Unten rechts: Dieser Bildteppich aus dem 15. Jahrhundert zeigt die Dame mit dem Einhorn und versinnbildlicht »Duft«. Der reich ausgeschmückte Hintergrund zeigt einen hübschen umzäunten Garten mit einer ausgesuchten Pflanzenkombination in einer Wiese: Veilchen, Akeleien und wilde Erdbeeren wachsen zwischen dem Gras. Andere spätmittelalterliche Kombinationen können mit Silberling *(Lunaria annua)*, Nachtviole *(Hesperis matronalis)* und Mariendistel *(Silybum marianum)* nachgebildet werden.

Einleitung | 9

Oben: Diese handbemalte Tapete entstand um 1760 und schmückte das Schloss von Maintenon in Frankreich. Sie zeigt eine stilisierte rosa blühende *Prunus*-Art, vielleicht einen Pfirsich, in Verbindung mit Bambus. Die Tapete kann – wie viele ähnliche auch – in China bemalt worden sein oder aber aus Europa stammen. Sie lässt erkennen, wie langlebig alte Pflanzenkombinationen sein können und wie verbreitet sie geschätzt wurden. Im Garten sieht ein geschnittener Pfirsichbaum in einem großen Kübel vor einem Sichtschutz aus Bambus (zum Beispiel *Phyllostachys nigra*) wirklich wunderschön aus.

Keramik schmückte. Diese alten Kunstwerke beeinflussten die Menschen bereits nach kurzer Zeit sehr stark. Ihre Wirkung reicht sogar bis in die Moderne hinein: Gemälde aus dem 19. Jahrhundert zeigen oft Pflanzenkombinationen, die schon tausend Jahre zuvor als vollendet galten.

Der Einfluss der Araber, deren Herrscher als leidenschaftliche Gartenfreunde und Pflanzensammler bekannt waren, ist viel schwieriger zu beurteilen. Hier verfügen wir meist nur über Informationen aus der Literatur, denn der Islam erlaubt lediglich Abbildungen sehr stark stilisierter Pflanzen. Teppiche, Stoffe, Mosaiken und Gemälde zeigen zwar Motive, die Nelken und Tulpen oder aber Weiden und Zypressen darstellen könnten; man kann jedoch nur wenige andere Pflanzen erkennen.

Aus der Zeit der europäischen Renaissance, als Textdruck und Holzschnitt verbreitet genutzt wurden, sind zahlreiche Pflanzenkombinationen überliefert. Es überrascht nicht,

dass die meisten davon keiner bestimmten Person mehr zugeschrieben werden können und vielmehr Bestandteile der traditionellen Gartenbepflanzung geworden sind. Diese Kombinationen wurden auch schriftlich festgehalten, besonders in den zahlreichen Gartenbüchern aus dem 16. und frühen 17. Jahrhundert. Deren Texte waren anerkannten Werken entnommen, zum Beispiel *Herball* von John Gerard (1597), vor allem aber *Paradisi in Sole Paradisus Terrestris* von John Parkinson (1629) und *A Complete Florilege* von John Rea (1655).

Gemälde aus dieser Zeit zeigen nur selten Gärten, und oft dient ein Garten lediglich als Hintergrund für das Porträt eines Fürsten. Zu dieser Zeit wie auch im 18. Jahrhundert war das Gärtnern überwiegend vom Motiv des Sammelns bestimmt, nicht vom Wunsch nach Verschönerung. Die Gartenfreunde waren in erster Linie daran interessiert, sehr große, zumindest aber interessante Kollektionen verschiedener Blumen und Sträucher

Links: Die Kombination auf dieser Bildrolle kann nachgestellt werden, indem man unter gefüllt blühende Zierkirschen Päonien und Schwertlilien pflanzt, etwa *Iris japonica* und *I. ensata*.
Rechts: Dieses Gemälde Albrecht Dürers entstand 1503 und war das erste in Europa, das ein alltägliches Motiv (einen Flecken Erde) naturgetreu abbildete. Eine so genaue Beobachtung war Voraussetzung für die Entstehung der botanischen Wissenschaft wie auch für das Interesse an einer Zusammenstellung von Pflanzen unter rein dekorativen Gesichtspunkten.

zu besitzen. Vermutlich wurden die Pflanzen in den Beeten auf mathematisch exakte Weise in sorgfältig angelegten, gitterförmigen Parzellen angeordnet und nicht in optisch ansprechenden Kombinationen.

Die Blütezeit des Gärtnerns in Europa, der Beginn des Gartendesigns mit Pflanzen, setzte mit dem Aufkommen der Rabattengärten ab etwa 1820 ein. Für die Beliebtheit dieser Gärten gab es zahlreiche Gründe politischer, wirtschaftlicher und botanischer Natur, doch das Endergebnis war stets dasselbe: Sehr viele neue Pflanzen waren ab der zweiten Hälfte des 18. Jahrhunderts nach Westeuropa gelangt, besonders die nur bedingt oder nicht winterharten Arten aus Mittelamerika, Südafrika und dem tropischen Asien. Hierzu zählen so bedeutende Gattungen wie Verbenen, Pelargonien, Pantoffelblumen, Salbei und Bartfaden. Diese Pflanzen passten nicht ohne weiteres in die damals modernen Landschaftsgärten; und obwohl einige Gärten spezielle Bereiche für Blumen besaßen, galt das Interesse der Wissenschaftler und Gartengestalter den Landschaftsgärten, nicht den Blumengärten.

Ungefähr 1820 beschlossen einige englische Gartenbesitzer, inmitten der ausgedehnten Rasenflächen ihrer Gärten Beete anzulegen und diese mit einigen der neuen Blumen zu bepflanzen. Ihr Schritt mag auf den ersten Blick unbedeutend erscheinen, doch rief er eine Welle stürmischer Begeisterung hervor – nicht zuletzt, weil er auch Menschen mit winzigen Gärten in die Lage versetzte, die Werke der berühmten Gärtner nachzubilden.

Die nun folgende Abkehr vom Landschaftsgarten und die Suche nach einem Stil, der sich auch für Gärten des Mittelstands und der zu bescheidenem Wohlstand gekommenen Arbeiter eignete, trafen mit Verbesserungen beim Druck von Texten und Bildern zusammen. Neue Gartenbücher und -zeitschriften mit zahlreichen Pflanzplänen und interessanten Pflanzenkombinationen erschienen und verstärkten die Leidenschaft für

Gegenüber oben: Das von Jan Breughel (1568–1625) stammende Gemälde »Blumen in einer blauen Vase« zeigt sehr detailgetreu gemalte Blüten, die jedoch aus verschiedenen Jahreszeiten stammen und keinen Aufschluss darüber geben, wie die Pflanzen im Garten miteinander kombiniert wurden. Die Tulpen waren vermutlich zu kostbar, um im Garten kultiviert zu werden, und wurden deshalb sicherlich in Töpfen gezogen.
Gegenüber unten: Dieses Gemälde wurde von E. Kychicus 1703 im Auftrag der Herzogin von Beaufort angefertigt, die eine bekannte Gartenfreundin und Pflanzensammlerin war. Es zeigt eine Kombination sommerblühender Stauden. Das warme Gelb, das tiefe Violett und das silbrige Rosa von Königskerze und Salbei spiegeln möglicherweise die damalige Mode wider und würden auch in heutigen Gärten schön aussehen.
Links: Auf seinem 1875 entstandenen Gemälde »Frau mit Sonnenschirm im Garten« hielt Auguste Renoir eine Gartenbepflanzung der damaligen Zeit fest. Das Aufkommen von Massenpflanzungen, hier von Pelargonien, weckte das Interesse daran, Pflanzen so miteinander zu kombinieren, dass sie einander betonen und ergänzen. Zwischen solche roten Pelargonien pflanzte man oft *Verbena bonariensis*, die wunderschön duftige, malvenfarbene Blütenstände hervorbringt.

die neuen Freiheiten weiter. Wegen der guten Dokumentation können viele gelungene Pflanzenkombinationen dieser Zeit erstmals bestimmten Personen zugeschrieben werden. So kann auch Ihr Garten Pflanzenkombinationen enthalten, die Sir Joseph Paxton (1801–1865) oder ein anderer der berühmten Gartengestalter in der Mitte des 19. Jahrhunderts kreierte.

Die Blütezeit der Rabattengärten ging im späten 19. Jahrhundert zu Ende. Maßgeblich dazu bei trugen die scharfen Angriffe von Gartenliebhabern wie William Robinson (1838–1935), dessen aus dem Jahr 1870 stammendes Buch *The Wild Garden* für stärker natürliche Gärten plädierte, bei deren Gestaltung man sich am Vorbild der Natur orientieren sollte.

Nun gewann der Staudengarten an Beliebtheit. Durch ihn wurden viele Gartengestalter und Pflanzenfreunde berühmt. Besonders bedeutend war der Einfluss der Engländerin Gertrude Jekyll (1843–1932), die eine künstlerische Ausbildung besaß und mit Pflanzen malerische Farbkombinationen schuf. Oft gestaltete sie ihre Rabatten auf ganzer Länge mit wechselnden Farbabfolgen, die manchmal auch noch im Laufe der Jahreszeiten variierten.

Gertrude Jekylls berühmtester Garten umgibt ihr Haus in Munstead Wood im englischen Surrey. Sie legte aber zahlreiche weitere Gärten an, von denen in Großbritannien derzeit viele restauriert werden, vor allem die von Barrington Court, Hestercombe und Lindisfarne. Leider sind selbst in der kurzen Zeit zwischen Anlage und Restauration viele der von Gertrude Jekyll verwendeten Sorten verschwunden. Glücklicherweise sind uns etliche ihrer Pflanzpläne und Pflanzen durch die Fotos und Gemälde von Anna Leigh Merritt und Edith A. Andrews überliefert, die zahlreiche stimmungsvolle Bilder von Gertrude Jekylls neuem Pflanzstil angefertigt haben.

Auch die großen Maler des späten 19. Jahrhunderts wurden von ihren eigenen Gärten oder denen ihrer Freunde inspiriert, und verschiedene Maler waren zugleich leidenschaftliche Gärtner. Die Impressionisten hielten nicht nur die Änderungen im Stil der Gartengestaltung fest, sondern auch das Aussehen einzelner Pflanzenbestände. In Renoirs Garten finden sich noch heute riesige Bestände der blassblauen, nach seiner Ehefrau benannten Schwertlilie 'Aline'. Monets Garten im nordfranzösischen Giverny

Oben: George Samuel Elgood (1851–1943) malte diese Staudenpflanzung der Jahrhundertwende. Zu sehen sind Färberkamille *(Anthemis tinctoria* 'E. C. Buxton'), einjähriger Schlafmohn *(Papaver somniferum)* und Rittersporn *(Delphinium)*. Das zarte Gelb der Färberkamille hebt sich schön von den silbrig blauen Ritterspornblüten ab.
Rechts: Monets Gemälde »Dame im Garten« zeigt eine wiesenartige Pflanzung zwischen wilden, ungeschnittenen Sträuchern. Man kann diese Szene nachstellen, indem man zwischen Gräser Kornrade, Kosmeen, Jungfer im Grünen und Shirleymohn sät und im Hintergrund hoch wachsende Sorten von Pfeifensträuchern und gefüllten Flieder pflanzt.

wurde erstmals in den zwanziger Jahren unseres Jahrhunders fotografiert, und er liefert auch heute noch Anregungen für stimmungsvolle Bepflanzungen.

Zu der Zeit, als Monet mit dem Gärtnern begann, entdeckten die Europäer die Kunst Japans und begannen, sich erneut für die chinesische Kunst zu interessieren. Fächer, Trennwände, Keramik and Brokat aus dem Osten fanden sich in jedem modebewusst eingerichteten westlichen Wohnzimmer. Gleichzeitig tauchten Bambus, Ahorne und Steinlaternen in den Gärten auf, ebenso Brücken wie die in Giverny – mit Glyzinen geschmückt und Teiche überspannend. In den Teichen wuchsen neue Seerosensorten, die man hier in Europa aus alten fernöstlichen Sorten gezüchtet hatte.

Nur wenige Jahrzehnte trennen Monets Zeit von den großen Gartengestaltern der Mitte des 20. Jahrhunderts, zum Beispiel Vita Sackville-West, und nur zehn oder zwanzig weitere Jahre von modernen Gartendesignern wie Roberto Burle Marx, James van Sweden, Wolfgang Oehme und Piet Oudolf.

Vita Sackville-West verwendete in ihrem Garten von Schloss Sissinghurst im englischen Kent gerne Pflanzenkombinationen in Rosa und kombinierte beispielsweise Tamariske *(Tamarix ramosissima)* mit rosa Akeleien. Dazu pflanzte sie die in kräftigem Rosa blühende, duftende Rose 'Ispahan' und die Bartiris 'Senlac'. Der Brasilianer Roberto Burle Marx arbeitete fast ausschließlich mit tropischen Pflanzen. Er nutzte ihre architektonischen Eigenschaften auf meisterhafte Weise, indem er *Vriesia imperialis* und *Philodendron bipinnatifidum* miteinander kombinierte und *Agave werklei* in einem Meer von Purpurtradeskantien wachsen ließ, etwa an der Bank von Brasilien in Brasilia.

Der in Amerika lebende Gartengestalter James van Sweden ist bekannt für seine fantasievolle Verwendung der nordamerikanischen Flora. Er kombiniert Waldpflanzen auf eine Weise, die die natürliche Struktur von Wäldern widerspiegelt, und legt Präriegärten mit üppiger Graslandflora an. Der Niederländer Piet Oudolf wählt seine Pflanzen besonders sorgsam aus und verwendet viele neue Sorten europäischer Züchter.

In diesem Buch sind die Pflanzenkombinationen nach Gartenbereichen und -typen geordnet. Das Spektrum reicht von Pflanzpartnern aus den Gärten der alten Griechen und Römer sowie der Moguln über die traditionellen Pflanzenkombinationen der berühmten Staudenrabatten des spätviktorianischen und edwardianischen Englands bis

Oben: Dieses Gemälde von George Elgood zeigt einen architektonisch gelungenen Garten mit einer Eibenlaube neben einem Apfelbaum. Für hübsche Kontraste sorgt dabei eine einfache Kombination einjähriger Pflanzen, so wie hier eine gefüllte Sorte des Schlafmohns *(Papaver somniferum* 'Pink Chiffon') und eine ungefüllte Sorte *(P. s.* 'Danish Flag') mit unten weißen Kronblättern. Vor der dunkleren Hintergrundbepflanzung sehen beide besonders schön aus.

Unten rechts: Auf diesem wunderschönen Gemälde Vincent van Goghs sind Flieder und Schwertlilien zu sehen. Auch diese Kombination kann man leicht im eigenen Garten nachstellen. Geeignete Flieder sind *Syringa* x *persica* oder eine Sorte wie zum Beispiel 'Maud Notcutt' oder 'Marie Legraye', deren kleine, aber auffällige Blütenstände viele südfranzösische Gärten schmücken und die van Gogh hier vermutlich malte. Hierzu passen blauschwarz blühende Schwertlilien, zum Beispiel 'Sable Night' oder 'Swazi Princess'. Dazu kann man Sorten von *Anthemis tinctoria* und einige wenige scharlachrot blühende Fingerkräuter säen.

hin zu modernen Kombinationen aus der ganzen Welt, von Brüssel bis New York. Die neueren werden meist einem bestimmten Gärtner oder Gartendesigner zugeschrieben oder wurden wegen ihrer Beliebtheit bei heutigen Gartenfreunden ausgewählt.

Beschrieben werden Kombinationen für Mauern und Pergolen, für Waldgärten und Teichränder sowie für Wildblumenwiesen, Küchen- und Cottage-Gärten. Bunte Staudenrabatten werden ebenso vorgestellt wie gelungene Kombinationen für Pflanzensammler. Einige Kombinationen kommen im zeitigen Frühjahr besonders gut zur Geltung, andere verschönern den Sommer oder Herbst, und manche sind selbst im tiefen Winter hübsch anzusehen. Manche gedeihen am besten im Schatten, andere in der Sonne. Einige wachsen sehr gut in kalten Gebieten, andere benötigen Wärme und geschützte Lagen. Bei der Auswahl wurde nicht nur auf die Schönheit der Pflanzen geachtet, sondern auch darauf, wie gut sie gedeihen und wie pflegeleicht sie sind.

Bei den einzelnen Kombinationen werden auch weitere Pflanzpartner angegeben, die den Gesamteindruck verstärken, etwa indem sie die Blütezeit verlängern. Bei diesen zusätzlichen Partnern handelt es sich um Arten, die der Gartendesigner verwendete, von dem die Kombination stammt, oder aber um Pflanzen, die ich selbst in solchen Kombi-

nationen eingesetzt habe. Manchmal schlage ich auch vor, bestimmte Kombinationen mit anderen zu verbinden, zu denen sie besonders gut passen. Außerdem finden Sie nützliche Informationen über Kultur und Vermehrung, eine Liste von Bezugsquellen für seltene Pflanzen (Seite 155) sowie eine Auswahl von Gärten, in denen klassische Pflanzenkombinationen neu angepflanzt oder in altem Zustand belassen wurden.

In jedem Kapitel wird ein bekannter Gartengestalter vorgestellt. Dabei haben wir uns für solche Designer entschieden, die eine bestimmte Richtung der Gestaltung entwickelten, auch wenn ihre Kreativität sich vielleicht auf nur einen Garten beschränkte. Ein einziger Garten, der Autoren und Fotografen gleichermaßen in seinen Bann zieht, kann seinen Designer heute nämlich ebenso bekannt machen wie fünfzig größere Anlagen.

Auch wenn vielfach unbekannt ist, von wem eine bestimmte Kombination stammt, erzählen die Pflanzen doch eine Geschichte, die ihrer Schönheit eine besondere und, so hoffe ich, faszinierende Bedeutung verleiht.

Oben: Claude Monets Bild »Ein Weg in Monets Garten, Giverny« entstand im Jahr 1902. Es zeigt die berühmten Bögen und den Weg am späten Nachmittag gegen Ende des Sommers. In den Beeten wuchsen vermutlich Astern (vielleicht neu eingeführte Hybriden von *Aster novi-belgii*) und Japan-Anemonen mit tiefrosa und weißen Blüten. Darunter bildete Kapuzinerkresse dichte Bestände.

Kletterpflanzen und dekorative Pflanzen an Mauern

20 Einführung

22 Historische Pflanzenkombinationen

24 Traditionelle Pflanzenkombinationen

30 Pflanzenkombinationen verschiedener Gartendesigner

36 Eine berühmte Gartendesignerin: Gertrude Jekyll

Oben: Eine üppige, weiß blühende Kletterrose schmückt eine alte Mauer aus grauem Stein. Darunter wachsen Glockenblumen neben rosa und weiß blühenden Spornblumen und lassen den Garten dicht bepflanzt erscheinen. Schattige Mauern wie diese können auch mit verschiedenen Waldreben, Heckenkirschen und Efeu bepflanzt werden.
Rechts: Schöne Kletterpflanzen für den Garten gibt es in Hülle und Fülle. Diese hohe Mauer schmückt eine der problemlosesten und wuchsfreudigsten Kletterpflanzen, die Berg-Waldrebe (*Clematis montana*). Einige Sorten dieser Waldrebe verströmen einen betörenden Duft. Als warme, geschützte Standorte eignen sich Mauern auch für Pflanzen wärmerer Klimagebiete, zum Beispiel Weinreben, frostempfindlichen Jasmin und Trompetenblumen. Im Hochsommer wird der Federmohn (*Macleaya cordata*) das Beet rechts vom Durchgang ausfüllen.

Kletterpflanzen werden schon sehr lange kultiviert und dienten zunächst vor allem der Beschattung von Häusern. Einfache Pergolen und weinbewachsene Lauben waren bereits in den Höfen der mesopotamischen Paläste vorhanden und waren später in der griechischen und vor allem der römischen Antike weit verbreitet. Einige bei den Römern beliebte Pflanzenkombinationen haben sich bis heute erhalten, etwa Weinreben, die über Zweigen des Pfirsichs 'Peche de Vigne' wachsen – diese römische Pfirsichsorte ist noch heute in Südfrankreich erhältlich.

In Europa sind Pergolen in unterschiedlicher Gestaltung seit Jahrhunderten beliebt. Im 16. Jahrhundert waren es Bogengänge aus Gitterwerk und Pavillons, die in vielen Illustrationen aus jener Zeit festgehalten sind. In einigen Gärten, zum Beispiel dem von Zorgvliet, Wilhelm von Oraniens Schloss in den Niederlanden – hielt man Kletterpflanzen an Obelisken aus Gitterwerk. Gitterwerk wird auch heute gern als Halt für Kletterpflanzen genutzt und ist sehr effektvoll, wenn es sorgsam auf die Wüchsigkeit der Pflanzen abgestimmt ist.

Im Vergleich zu Europa weist der amerikanische Doppelkontinent eine viel größere Artenvielfalt an Kletterpflanzen und Lianen (tropische Kletterpflanzen) auf, doch wurden dort an Kletterpflanzen wohl nur Stangenbohnen in größerem Umfang angebaut. Die alte Küchengartenkombination aus Kürbissen, Zuckermais und Bohnen stammt wahrscheinlich aus vorkolumbischer Zeit.

Kletterpflanzen dienten jedoch nicht immer nur als Schattenspender. Mauern, Pergolen und Sichtschutzvorrichtungen wurden oft auch genutzt, um Pflanzen zur Geltung zu bringen. Im alten China und Japan bauten Gartenliebhaber Pergolen, damit man ihre Glyzinen (Blauregen, *Wisteria*) bewundern konnte. Als man im 19. Jahrhundert in größerem Umfang mit der Rosenzüchtung begann, wurden in Europa Pergolen und andere Kletterhilfen verwendet, um die zahlreichen neu gezüchteten Kletterrosen auch gut zur Geltung bringen zu können.

Die berühmten Gartengestalter waren stets von Kletterpflanzen fasziniert. Humphry Repton liebte rosenbewachsene Bögen aus Gitterwerk. Einige Zeit später hielt Gertrude Jekyll große Rosen an Seilen, die sie zwischen die Bögen in der Loggia ihres Hauses in Munstead Wood geschlungen hatte. Ähnlich ging William Robinson in Gravetye Manor im englischen Kent vor. In Amerika, besonders in Pennsylvania, verschönerten im 19. Jahrhundert Trompetenblumen und verwandte Pflanzen die Lauben vieler Gärten.

Oben: An einer Mauer oder einem hohen Zaun kann Efeu, der dort emporwächst, mit geschnittenen Stechpalmenbüschen (traditionell als Hochstamm) kombiniert werden, die man unmittelbar vor den Efeu pflanzt. Am besten passen grünblättriger Efeu und das glänzende Laub der rein grünen Stechpalme zusammen, während panaschierte Formen beider Pflanzpartner oft schlecht miteinander harmonieren.

Rechts: Rosen und Heckenkirschen, auch als Geißblätter bekannt, sind ideale Pflanzpartner. Im Altertum verwendete man die alte, cremefarbene, gefüllte Moschusrose. Heute können Sie *Rosa* 'Russelliana' pflanzen, eine in den vierziger Jahren des 19. Jahrhunderts entstandene spanische Hybride. Dazu passt das helle, einheimische Waldgeißblatt *(Lonicera periclymenum)* oder als eine gute Alternative die Sorte 'Graham Thomas'.

Historische Pflanzenkombinationen

Die meisten ganz alten Pflanzenkombinationen wurden zunächst in abgeschlossenen Bereichen gepflanzt: in Atrien römischer Häuser, Gärten mittelalterlicher Klöster oder ummauerten Höfen der Adligen des 17. Jahrhunderts. Heute findet man sie in schattigen wie in sonnigen Hinterhöfen, wo sie für Abgeschiedenheit sorgen. Wenn man sie über Pergolen oder Lauben wachsen lässt, entsteht darunter ein angenehm kühler Sitzplatz.

Rosen und Heckenkirschen

Rosen (Rosa) und Heckenkirschen (Lonicera), auch Geißblätter genannt, waren schon in griechischen und römischen Gärten der Antike eine beliebte Kombination. Die schalenförmigen Blüten der Rosen bilden einen hübschen Kontrast zu den schmal trompetenförmigen Blüten der Heckenkirschen. Diese duften abends am stärksten, wenn der Duft der Rosen nachlässt.

In Europas Gärten gab es einst nur wenige Kletterrosen, etwa die cremeweiß blühende Rosa x alba 'Alba Maxima'. Im 16. Jahrhundert wurden häufig duftende Sorten der Moschusrose (R. moschata) mit gefüllten oder ungefüllten Blüten gepflanzt. Die cremefarbenen Blüten bilden einen wunderbaren Hintergrund für die beigefarbenen und blassgelben Blüten des heimischen Waldgeißblatts (Lonicera periclymenum) oder die kräftigeren Farben seiner Sorten 'Belgica' und 'Serotina'. In kühleren Gebieten pflanzt man statt der Moschusrose besser ihre Hybriden wie 'Paul's Himalayan Musk' oder 'The Garland', beide blühen blassrosa-amethystfarben. Mit Heckenkirschen verschlungene Rosen werden sehr schwer und müssen daher gut an Mauer oder Zaun befestigt werden.

Lonicera sempervirens duftet zwar nicht, trägt aber kräftig korallenrote Blüten, die gut zu der Rose 'Rambling Rector' oder der rosa 'Aloha' passen. Als Spätsommerblüher kann man Rosa 'Blush Noisette' oder 'New Dawn' und die wintergrüne Lonicera japonica 'Halliana' miteinander kombinieren. Die Blüten dieser Heckenkirsche fallen zwar kaum auf, verströmen aber einen wunderbaren Duft.

Ansprüche Beide Partner bevorzugen gute, durchlässige Böden. Während fast alle Rosen Sonne lieben, blühen die meisten Heckenkirschen auch im Schatten reich. Für einen schattigen Garten oder an Nordmauern eignet sich die Rose 'Mme. Alfred Carrière'. Alte Triebe sollten alle paar Jahre an der Basis entfernt werden.

Weitere Pflanzpartner In milderen Gebieten ist Echter Jasmin (Jasminum officinale) eine schöne Ergänzung. Wer sich schon früh im Jahr an Blüten erfreuen möchte, sollte eine Waldrebe wie die blassblau blühende Clematis alpina 'Columbine' hinzupflanzen.

Stechpalmen und Efeu

Stechpalme (Ilex) und Efeu (Hedera) werden in Gärten gemäßigter Klimate schon von alters her zusammen gepflanzt. Der noch heute erhältliche gelbfrüchtige Efeu Hedera helix var. poetarum wurde bereits von den Römern kultiviert. Auch Sorten von Stechpalmen, vor allem solche mit panaschierten Blättern, waren schon im 17. Jahrhundert verbreitet. So kann man einige alte Kombinationen in seinem Garten leicht nachbilden.

Stechpalmen und Efeu vertragen Schatten und eignen sich daher gut für architektonische Pflanzungen in kleinen Stadt- oder Vorgärten. Sehr schön sind die große, tiefgrüne Hedera helix 'Bowles Ox Heart' und die panaschierte 'Tricolor'. Dagegen wirken die rein gelben Blätter von Sorten wie H. helix 'Buttercup' auf großen Flächen leicht störend. Bei den Ilex sind viele der panaschierten Sorten (etwa I. x altaclarensis 'Golden King') besonders hübsch. Sie werden traditionell als Formschnittgehölze kultiviert, tragen dann aber keine Beeren.

Ansprüche Beide Gattungen bevorzugen durchlässige Böden. Nicht alle Efeusorten klettern gut, achten Sie daher beim Kauf auf eine geeignete Sorte. Ilex schneidet man besser mit der Garten- als mit der Heckenschere, damit die Blätter nicht beschädigt werden. In Form geschnittene Ilex müssen zweimal im Jahr geschnitten werden. Efeu eignet sich gut als Bodendecker unter Stechpalmen, aber auch zur Begrünung von Mauern oder ebenfalls als Formschnittgehölz.

Weitere Pflanzpartner Zu dieser Kombination passen Wurm- oder Frauenfarn (Dryopteris bzw. Athyrium) und im Winter und Frühjahr blühende Christ- oder Schneerosen (Helleborus). In einem Garten mit etwas Sonne kann man auch Blutwurz (Sanguinaria canadensis) verwenden. Wer sich im Sommer an Blüten erfreuen will, kann Kübel mit weiß blühendem Stechapfel (Datura) bepflanzen.

Traditionelle Pflanzen-kombinationen

In Europa beschränkte sich die Auswahl an Kletterpflanzen für den Garten bis Ende des 18. Jahrhunderts hauptsächlich auf einige Waldreben, Heckenkirschen, Moschusrosen und Jasmin. Obwohl in Nordamerika von Natur aus sehr viel mehr Arten vorkommen als in Europa, waren Kletterpflanzen in den dortigen Gärten auch nicht häufiger zu finden. Erst Anfang des 19. Jahrhunderts trat mit dem Abschied vom Ideal des Landschaftsgartens eine grundlegende Wandlung ein, und selbst in den kleinsten Gärten waren nun von Kletterpflanzen bedeckte Pergolen und Lauben ein Muss. Diese »neuen« Bepflanzungen verbreiteten sich rasch in ganz Europa und in Amerika. Wenig später galten sie bereits als »traditionell«.

Rosen und Waldreben

Rosen *(Rosa)* und Waldreben *(Clematis)* haben Gartenfreunde schon immer fasziniert. Die Blüten der Waldrebe sind recht einfach gebaut, meist flach, bei einigen modernen Züchtungen sternförmig und bei *Clematis texensis* und ihren Sorten glockenförmig. Alle passen hervorragend zu den komplexer gebauten, sehr üppigen Rosenblüten. Zunächst kombinierte man nur Moschusrosen *(Rosa moschata)* und Italienische Waldrebe *(Clematis viticella)*, selten *R*. x *alba* 'Alba Maxima' und Mandel-Waldrebe *(C. flammula)*. Anfang des 19. Jahrhunderts kamen dann stark wachsende Kletterrosen und neue Waldrebenarten aus Amerika und China nach Europa.

Die ersten Waldreben blühen im Frühjahr lange vor den Rosen und die letzten noch nach den Rosen im Herbst. Einige Sorten der Berg-Waldrebe *(C. montana)* blühen gleichzeitig mit den ersten Rosen. *C. montana* var. *wilsonii* besitzt eine sehr lange Blütezeit und passt besonders gut zu *Rosa* 'Awakening'. Spät im Jahr blühen einige tiefviolette, gefüllte Sorten von *C. viticella*, die einen guten Hintergrund für *R*. 'Golden Showers' bilden. Schön ist auch *C. rehderiana* mit Büscheln cremefarbener, röhrenförmiger Blüten, die nach Primeln duften, inmitten einer *Rosa* 'Constance Spry'.

Ansprüche Die meisten Waldreben sind winterhart, einige Kletterrosen erfrieren dagegen in strengen Wintern. Beide Gattungen wachsen in normalen Gartenböden, und fast alle lieben sonnige Lagen. Der Wurzelbereich der Waldreben sollte jedoch im Schatten liegen. Beide Pflanzpartner müssen jährlich zurückgeschnitten werden, damit kein undurchdringliches Gewirr entsteht. Früh im Jahr blühende Waldreben werden nach der Blüte zu einer Zeit geschnitten, in der man Rosen nicht schneiden sollte – hier kann es Schwierigkeiten geben.

Weitere Pflanzpartner Hell blühende Heckenkirschen passen zu fast jeder Kombination von Rosen und Waldreben. Am besten aber eignen sich Weinreben mit zierendem Laub: Ich habe *Clematis* x *jouiniana* und *Rosa* 'Félicité et Perpetue' zum Beispiel mit der purpurblättrigen *Vitis* 'Brant' kombiniert, deren Blätter sich im Herbst scharlachrot färben, und mit der silbernen *Vitis vinifera* 'Incana'.

Gegenüber: Clematis 'Venosa Violacea' ist eine wüchsige, spät blühende Sorte und ergänzt die zart duftende *Rosa* 'Karlsruhe' in ihrer zweiten Blüte. Da die Blüten der Waldrebe nach oben weisen, sollte man die Pflanzen so setzen, dass man die Blüten von oben bewundern kann.

Oben: Die mäßig wüchsige *Clematis* 'Elsa Späth' blüht vom Spätfrühling bis zum Herbst. Sie passt gut zu Alten Strauchrosensorten wie der hier gezeigten 'Mme Isaac Pereire'.

Folgende Doppelseite, von links nach rechts: Rosa 'American Pillar' und *Clematis* 'Jackmanii'; *R.* 'Iceberg' und *C.* 'Henryi'; *R.* 'Paul's Scarlet Climber' und *C.* 'William Kennett' – drei wunderschöne Möglichkeiten, Rosen und Waldreben miteinander zu kombinieren.

26 | Kletterpflanzen und dekorative Pflanzen an Mauern

Traditionelle Pflanzenkombinationen 27

Eiben und Kapuzinerkresse

Die Eibe *(Taxus baccata)* ist eine sehr alte Gartenpflanze, doch die Kapuzinerkressenart *Tropaeolum speciosum* kam erst 1846 aus Chile nach Europa. Ihre Wurzeln vertragen kühle, trockene, schattige Lagen, wie sie am Fuß von Hecken zu finden sind. Da Eibenhecken früh und sehr spät in der Vegetationsperiode geschnitten werden, sorgt die rasch wachsende Kapuzinerkresse für ein wunderschönes sommerliches Bild mit leuchtend roten Blüten vor einem dunkelgrünen Hintergrund. Trotz ihres raschen Wachstums wird die Kapuzinerkresse aber niemals so dicht, dass die Eibe nicht mehr genug Licht erhält.

Für diese Kombination eignen sich große Eibenhecken am besten, doch die Kapuzinerkresse sieht auch an Formschnitteiben hübsch aus. Man sollte sie jedoch nicht mit Buchsbaum *(Buxus)* kombinieren, denn dieser ist im Unterschied zur Eibe ein Flachwurzler und beeinträchtigt die Wasser- und Nährstoffversorgung der Kapuzinerkresse. Auch raschwüchsige Hecken aus Liguster oder Heckenkirschen sind ungeeignet, denn sie müssen im Sommer geschnitten werden. Statt *T. speciosum* kann man auch die raschwüchsige, einjährige Kapuzinerkresse *T. peregrinum* verwenden. Sie sieht an goldgelben Eiben (aus der Gruppe *T. baccata* 'Aurea') besonders gut aus.

Ansprüche *Tropaeolum speciosum* bevorzugt kühle, schattige Lagen mit durchlässigem Boden. Weil sie nicht immer leicht anzusiedeln ist, kauft man vorzugsweise junge Pflanzen in Töpfen. Die neuen Knollen bilden sich mindestens 30 cm tief im Boden und sind daher nicht leicht auszugraben, können in milden Gebieten im Winter aber im Boden bleiben. Am besten ist es, die Pflanzen sich selbst ausbreiten zu lassen. Die Samen von *T. peregrinum* werden im Frühjahr ungefähr 30 cm vor der Hecke ausgesät. Später leitet man die jungen Triebe zur Hecke hin.

Weitere Pflanzpartner An Eibenhecken wächst auch die wüchsige, scharlachrot blühende Kapfuchsie *(Phygelius capensis)*. Man kann auch eine Hecke aus unterschiedlichen Pflanzen zusammensetzen (siehe Seite 50/51). Eine Kombination aus Eibe und Blutbuche *(Fagus sylvatica* 'Atropurpurea'-Sorten) verstärkt den Kontrast zur Kapuzinerkresse. Für solche Hecken eignen sich nur wenige andere Kletterpflanzen, etwa Jelängerjelieber *(Lonicera caprifolium)*, das es erträgt, quasi als Teil der Hecke mit geschnitten zu werden.

Oben: Diese üppige Kombination der scharlachrot blühenden Kapuzinerkresse *Tropaeolum speciosum* mit dunkelgrüner Eibe ist in Europa und Teilen Nordamerikas zu einer traditionellen Kombination geworden. Die Kapuzinerkresse sieht auch sehr schön aus, wenn sie über Büsche des Seidelbasts *Daphne retusa* und über Strauchpäonien klettert. Man kann sie auch durch Buschrosen wachsen lassen – sie blüht später als die meisten Rosen. Wenn diese Kapuzinerkresse in einem Garten gut gedeiht, kann sie sich gelegentlich sogar zu stark ausbreiten.

Links: Auch bei geringer Düngung wächst *Tropaeolum speciosum* oft sehr stark. Selbst dann wird das Laub aber nie so dicht, dass die Pflanze, über der sie wächst, zu wenig Licht erhält.

Traditionelle Pflanzenkombinationen

Pflanzenkombinationen verschiedener Gartendesigner

Im 18. Jahrhundert waren von Kletterpflanzen bedeckte, romantisch aussehende Häuser modern, und jeder wollte sein Haus mit Efeu, Rosen, Waldreben und Heckenkirschen begrünen. Kletterpflanzen waren aber auch zur Verschönerung von Gartenmauern, Pergolen und Gartengebäuden gefragt. In den folgenden 200 Jahren erforschten Botaniker die Kletterpflanzenflora der ganzen Welt. Aus der Alten Welt verwendeten Gartendesigner Rebengewächse, aus der asiatischen Flora Glyzinen und aus der Neuen Welt Bougainvilleen, Trompetenblumen und Passionsblumen. Wir stellen Ihnen einige klassische Kombinationen vor, die sich gut für eine Veranda, eine Laube oder einen Bogen über einem Sitzplatz eignen.

Funkien und Hopfen

Bei dieser Kombination, die durch Gertrude Jekyll bekannt wurde, wachsen die Triebe des goldblättrigen Hopfens (*Humulus lupulus* 'Aurea') zwischen blaublättrigen Funkien (*Hosta*).

Da Funkien und Hopfen halbschattige Standorte benötigen, eignet sich die Kombination gut für überschattete, kleinräumige Standorte. Auf feuchten Böden harmoniert sie gut mit *Rodgersia* und Primeln (Seite 46). An einem Teich kann man eine aus Gitterwerk gefertigte Laube mit Hopfen beranken und aus den Funkien aufsteigen lassen.

Ansprüche Goldblättrigen Hopfen kauft man am besten als junge Pflanzen. Diese müssen zumindest im ersten Jahr gut gedüngt werden. Sollten die Pflanzen im Garten zu wüchsig werden, lichtet man die jungen Triebe im Frühjahr aus. Diese sind übrigens sehr wohlschmeckend und können wie Spargel gekocht und verzehrt werden. Zu Beginn des Winters entfernt man die abgestorbenen Triebe; dabei benutzt man Handschuhe, denn die Triebe tragen viele Widerhaken. Funkien lieben nährstoffreiche und feuchte, aber durchlässige Böden. Man vermehrt sie im Frühjahr durch Teilung.

Weitere Pflanzpartner Zu dieser Kombination passen die großen, gelappten Blätter und die kräftig gelben Blüten von *Ligularia przewalskii* und die schmalen, überhängenden Blätter der Sumpfschwertlilie (*Iris pseudacorus*). Die Schwertlilie gedeiht gut in normalen Gartenböden, obwohl sie in der freien Natur an feuchten Standorten wächst. Am schönsten ist ihre panaschierte Form. Statt der Schwertlilie kann man auch normalen, grünblättrigen Hopfen verwenden, der im Herbst hübsche, papierartige Fruchtstände trägt. Rosemary Verey pflanzt an Bögen goldblättrigen Hopfen und tiefviolett blühenden Lavendel (*Lavandula angustifolia* 'Hidcote') sowie Hochstämme der Rose 'White Pet'. Lawrence Johnston verwendete Hopfen als Hintergrund für eine Pflanzung gelber Strauchpäonien und Wiesenrauten (*Thalictrum flavum* ssp. *glaucum*).

Waldreben und Weinreben

An den von Vita Sackville-West bepflanzten Mauern im Garten von Schloss Sissinghurst in Kent, aber auch an den Pergolen Gertrude Jekylls im Garten von Hestercombe, Somerset, zeigt die Kombination von Waldreben (*Clematis*) und Weinreben (*Vitis*), wie schön gedeckte Farben im Garten sein können. Besonders ansprechend ist die Kombination von *C.* 'Perle d'Azur' und *V. vinifera* 'Purpurea'. Die Blätter der Weinrebe färben sich im Herbst langsam scharlachrot und heben sich schön von den bereiften Weintrauben ab. Diese Bepflanzung eignet sich hervorragend für eine Mauer, einen Bogen über einem Sitzplatz, eine Veranda oder eine große Laube. Eine weitere interessante Weinrebe ist *V. vinifera* 'Incana' mit bemehlt erscheinenden Blättern. Sie passt gut zu großen, weiß blühenden Waldreben wie *C.* 'Henryi' oder zu einer der gefüllt blühenden, rosa-fliederfarbenen Sorten wie etwa 'Proteus'.

Ansprüche Wer Weinreben wegen der Trauben kultiviert, muss seine Pflanzen sorgsam schneiden. Sonst lässt man sie wachsen und lichtet sie wie die Waldrebe nur aus, wenn sie zu dicht werden.

Weitere Pflanzpartner Dazu passen die gelb und cremefarben panaschierten Blätter der Kiwisorte *Actinidia deliciosa* 'Aureovariegata' oder die dezenteren Blätter des Amur-Strahlengriffels (*Actinidia kolomikta*), aber auch eine spät blühende Waldrebe wie *C. texensis* oder die nach William Robinsons Haus benannte 'Gravetye Beauty'.

Oben: Diese Funkie ist eine blass malvenfarben blühende Hybride von *Hosta sieboldiana*. Auch die Sorte 'Krossa Regal' ist mit ihren großen grünen Blättern und den großen weißen, duftenden Blüten eine lohnende Gartenpflanze.
Links: Die purpurblättrige Weinrebe *(Vitis vinifera 'Purpurea')* gedeiht am besten in sonnigen Lagen. Sie ist ebenso wüchsig wie die hier gerade blühende Waldrebe und kann daher gut neben diese gepflanzt werden. Die Blüten der Rebe verströmen einen zarten, köstlichen Duft, und wenn der Sommer lang und warm genug ist, reifen im Herbst die Früchte.

Oben: Sehr schön wirkt eine Kombination aus Brombeere und Jungfernrebe an einer aus Gitterwerk gefertigten Laube oder Pergola und im Küchen- oder Obstgarten. Wenn die Pflanzen an einer leicht schattigen Mauer wachsen, kann man an ihrer Basis Christrosen oder Nieswurz *(Helleborus)* pflanzen.
Gegenüber: Diese üppige Bepflanzung von Glockenreben und Prunkwinden lässt sich aus Samen anziehen. Die Sämlinge werden im Sommer bei günstiger Witterung im Abstand von 45 cm ausgepflanzt, kräftig gegossen und gedüngt. Nach dem ersten Frost lässt man die Triebe trocknen, schneidet sie mit der Gartenschere in Stücke und löst sie vorsichtig von ihrem Halt ab.

Brombeeren und Jungfernrebe

Manche Pflanzenkombinationen laden jeden schon im Vorübergehen dazu ein, seinen Garten auf gleiche Weise zu schmücken. Dies gilt auch für die klassische Kombination von Brombeeren *(Rubus fruticosus*-Sorten) und der Jungfernrebe *P. henryana.* Im Frühjahr erscheinen die Blüten der Brombeere und bei der Jungfernrebe grüne, rosa überhauchte Blätter. Im Herbst kann man sich an deren scharlachroten Blättern und den glänzend schwarzvioletten Brombeerfrüchten erfreuen. Hübsch ist auch der Kontrast zwischen den Formen der Rebenblätter und den Fruchtständen der Brombeere.

Ansprüche Beide Pflanzpartner gedeihen gut an sonnigen oder halbschattigen Standorten mit durchlässigen Böden. Die Brombeere muss angebunden oder an Drähten gezogen werden, die abgetragenen Triebe schneidet man im Herbst am Erdboden ab. Die Jungfernrebe wird von Zeit zu Zeit ausgelichtet, damit sie die Brombeere nicht überwuchert.

Weitere Pflanzpartner Eine Alternative für die frostempfindliche *P. henryana* ist Wilder Wein *(P. quinquefolia).* Als Ergänzung eignen sich Christrosen und *Iris foetidissima,* deren orangefarbene Samen in den aufgeplatzten Kapselfrüchten im Herbst sehr auffallen.

Glockenrebe und Sternwinde

Die kräftig grünen und violetten Farbtöne der Glockenrebe oder Krallenwinde *(Cobaea scandens)* heben sich eindrucksvoll von den creme- und korallenfarbenen Blüten der Sternwinde *Ipomoea lobata* (syn. *Quamoclit lobata, Mina lobata)* ab. Beide wachsen an sonnigen Mauern rasch empor und eignen sich in kühleren Gebieten gut zur schnellen Begrünung eines neuen Wintergartens. Leider duften die Blüten beider Arten nicht.

Ansprüche Beide Pflanzpartner sind bei uns einjährige Kletterpflanzen. Sie lieben sonnige Lagen mit feuchtem, nährstoffreichem Boden. Man sät sie in Töpfe (ein Samen pro Topf) und zieht sie an einer sonnigen Fensterbank an. Ausgepflanzt wird erst, wenn keine Fröste mehr zu erwarten sind.

Weitere Pflanzpartner In warmen Gebieten harmonieren die interessanten ovalen Blätter und die eigentümlich gebogenen Blüten der Pfeifenwinden *(Aristolochia)* oder die Blütenfülle von *Ipomoea tricolor* 'Heavenly Blue' mit dieser Kombination.

Oben: Hier klettert *Rosa* 'Mme Alfred Carrière' an einer Eiche empor. Viele Rosen, besonders *R. multiflora* und *R. filipes,* sind fast so wüchsig wie tropische Lianen. Die meisten wurden im 19. Jahrhundert eingeführt, es ist aber auch eine Reihe prächtiger moderner Züchtungen erhältlich.
Rechts: Dieser Goldregen wächst an einem Gerüst, so dass ein recht großer Tunnel entsteht. Die Zusammenstellung würde jedoch auch mit einem ungeschnittenen Baum oder einer Baumgruppe schön aussehen.

Rosen in Bäumen

Die Idee, Rosen in alten Bäumen emporklettern zu lassen, hatte zuerst William Robinson, in dessen Garten in Gravetye (Kent) Moschusrosen in alten Trompetenbäumen (Catalpa) wuchsen. Allgemein bekannt wurde diese Kombination durch Vita Sackville-West, die ihre Rosen 'Rambling Rector' und 'Bobbie James' in die Obstbäume von Sissinghurst wachsen ließ. Trotz der Nachteile – die Rosen können die Zweige des Baums verletzen und die Obsternte erschweren – ist diese Kombination sehr beliebt geworden.

Als Halt für Kletterrosen eignet sich jeder größere Baum im Garten. Besonders günstig sind Obstbäume, weil sie im Frühjahr blühen und die Rosenblüten sich erst öffnen, wenn beim Obst die Fruchtbildung einsetzt. Doch kommt auch jeder andere Baum infrage. Im Garten von Ninfa in Norditalien klettern R. filipes 'Kiftsgate' und andere wüchsige Rosen beispielsweise in alten Zypressen empor. Die Bäume müssen gepflanzt worden sein, lange bevor das mittelalterliche Dorf zu verfallen begann.

Große Bäume geben außer den genannten Rosen auch den Sorten 'Seagull' und 'Wedding Day' genügend Halt. Diese Rosen tragen überwiegend weiße oder cremefarbene Blüten. Amethystfarben-rosa blühen R. 'The Garland', eine der Lieblingsrosen von Gertrude Jekyll, und 'Paul's Himalayan Musk'. Für einen mittelgroßen Baum kommt eher die lange blühende 'Blush Noisette' infrage.

Ansprüche Die Rose sollte in mindestens 2 m Abstand vom Baum gesetzt werden, damit die Wurzeln der Pflanzpartner nicht miteinander konkurrieren. Pflanzen Sie die junge Rose in einen nährstoffreichen Boden in sonniger Lage und gießen Sie sie im ersten Jahr reichlich. Über einen Pfahl, der an die unteren Baumäste anlehnt, leitet man die jungen Triebe der Rose in den Baum. Diese Art der Begrünung eignet sich nur für alte, stabile Bäume, denn junge Bäume würden zu rasch überwachsen werden. Rose und Baum werden Sie viele Jahre erfreuen, doch wenn die Kombination nicht mehr hübsch aussieht, müssen Sie zur Säge greifen.

Weitere Pflanzpartner Zu Rosen und Bäumen passen Waldreben: Vita Sackville-West liebte die Sorte 'Hagley Hybrid', doch auch viele früh blühende Sorten eignen sich hervorragend. Die blassblau blühende Clematis alpina 'Columbine' harmoniert sehr schön mit Apfelbäumen, die etwas später blühen. Wilder Wein und andere Weinrebengewächse sorgen im Herbst für prächtige Farben.

Goldregen und Zierlauch

Diese Kombination entstammt Rosemary Vereys berühmtem Garten von Barnsley House bei Cirencester im englischen Gloucestershire. Hier bildet Goldregen (Laburnum) an einem Gerüst einen Tunnel gelber Blüten, zu denen die Unterpflanzung mit grauviolettem Riesenlauch (Allium giganteum) einen weichen Kontrast ergibt. Mit Spornblume (Centranthus ruber), Königslilie (Lilium regale) und geschnittenem Buchsbaum entsteht ein wunderhübsches Bild.

Man muss jedoch keinen großen Tunnel anlegen, auch ein oder zwei Goldregen als Hochstämme reichen für ein schönes Bild völlig aus. Die am reichsten blühende Sorte, die auch die längsten Blütenstände aufweist, ist Laburnum x watereri 'Vossii', den stärksten Duft verströmt L. alpinum. Für sehr kleine Gärten eignet sich eine Gruppe aus vier Goldregenpflanzen, die einen Sichtschutz für eine kleine Sitzecke bilden, wenn man sie als mehrstämmige Bäume wachsen lässt. Eintriebige Hochstämme kommen hierfür nicht infrage.

Goldregensamen ist giftig, allerdings setzt L. x watereri 'Vossii' im Unterschied zu dem gewöhnlichen L. anagyroides kaum Samen an. Wer aber vorsichtshalber auf Goldregen doch lieber verzichten möchte, kann ihn in sommerwarmen Gebieten durch den selten gepflanzten Blasenbaum (Koelreuteria paniculata) ersetzen. Die violetten Farbtöne können durch Gladiolenarten wie Gladiolus byzantinus verstärkt werden und mit Nerine bowdenii bis in den Herbst hinein erfreuen. Man kann die Farbgestaltung auch umkehren und violett blühende Glyzinen (Wisteria) mit dem gelben Zierlauch Allium flavum und blassgelben Rosen unterpflanzen.

Ansprüche Zierlauch und Goldregen lieben sonnige Standorte mit fruchtbaren Böden. Alle Goldregen außer L. x watereri 'Vossii' lassen sich leicht aus Samen anziehen. Wenn man sie an einem Gerüst hält, muss man die jungen Triebe im Spätsommer anbinden. Bei bereits bestehenden Tunneln werden im Spätsommer die ältesten Triebe entfernt. Zierlauch sät sich, einmal als Zwiebel gepflanzt, später selbst aus.

Weitere Pflanzpartner Die Blütezeit des Goldregens ist recht kurz. Eine wunderbare Ergänzung ist eine im Sommer blühende weiße Waldrebe. In den Beeten sorgen Wolfsmilch im Frühjahr und Phlox im Spätsommer für Blütenfarbe. Japan-Anemonen und kleinblütige Asternsorten (wie Aster cordifolius 'Silver Spray') bringen bis in den Spätherbst hinein schöne Farben.

EINE BERÜHMTE GARTENDESIGNERIN:
Gertrude Jekyll

Rechts: Diese Pergola steht im wunderbar restaurierten Garten von Hestercombe im englischen Somerset, wo besonders gelungene Pflanzenkombinationen von Gertrude Jekyll zu sehen sind. Hell amethystfarbene und korallenrote Rosen klettern an den Pfosten empor. Darunter wächst Lavendel 'Old English' in breiten Beeten.

GERTRUDE JEKYLL (1843–1932) wuchs in einer wohlhabenden Familie aus der Mittelschicht auf und studierte Kunst an der Londoner South Kensington School of Art. Wegen ihres Talents arbeitete sie bald für eine vielseitige und einflussreiche Kundschaft. Im Rahmen eines Auftrags traf sie den leidenschaftlichen Gärtner und Verleger William Robinson, dessen Vorstellungen vom Gärtnern sie stark beeinflussten. Der erste von ihr gestaltete größere Garten war der ihres Elternhauses in Munstead, Surrey. Er wurde ein großer Erfolg, und bald baten die Besucher sie um Rat für ihre eigenen Gärten. Gertrude Jekyll gestaltete mehr als 300 Gartenanlagen, darunter einige sehr große, aber auch viele Anlagen von höchstens einem Hektar Größe. Kletterpflanzen setzte Gertrude Jekyll oft besonders fantasievoll ein. Eine ihrer Lieblingsrosen, 'The Garland', wuchs an Seilen, die um die Säulen der Loggia ihres Hauses in Munstead Wood geschlungen wurden. Gertrude Jekyll stellte auch eine wunderhübsche Kombination aus purpurblättrigen Weinreben und Waldreben für die Pergola im Garten eines großen Hauses wie etwa Hestercombe in Somerset zusammen. In ihrem eigenen Garten hielt sie Banksrosen *(Rosa banksiae)* als Pflanzpartner von Chile-Nachtschatten *(Solanum crispum)*, außerdem auch Pfeifenblumen *(Aristolochia)* mit ihren großen, herzförmigen Blättern, die hübsch mit Glyzinen *(Wisteria)* und Wildem Wein *(Parthenocissus quinquefolia)* verschlungen waren.

In ihre Blumenbeete pflanzte Gertrude Jekyll die neuesten Sorten europäischer Züchter. Ihr Schwerpunkt lag bei Astern, Lupinen, Rittersporn und Dahlien, mit denen sie eine riesige Farbpalette und eine lange Blütezeit zur Auswahl hatte. Auch Struktur und Form, besonders der Blätter, waren wichtig für sie. Durch Gertrude Jekyll wurden verschiedene Gattungen als Gartenpflanzen sehr bekannt, zum Beispiel *Funkia* (heute *Hosta*) und *Bergenia*, denn sie verwendete diese Pflanzen in zahlreichen fantasievollen und oft sehr ungewöhnlichen Kombinationen, die viel Beachtung fanden.

Oben: Gertrude Jekylls Garten in Munstead Wood. Im Vordergrund wachsen Astern und silbrige Perlpfötchen *(Anaphalis)*, dahinter beginnt sich die Jungfernrebe *Parthenocissus tricuspidata* zu verfärben.

Links: Am Seerosenteich von Folly Farm im englischen Berkshire wirkt der schöne, detailreiche Baustil des Architekten Edwin Lutyens durch Gertrude Jekylls Rosenkaskade weicher.

Wald- und Wasserpflanzen

40 Einführung

42 Historische Pflanzenkombinationen

44 Traditionelle Pflanzenkombinationen

52 Pflanzenkombinationen verschiedener Gartendesigner

64 Ein berühmter Gartendesigner: Claude Monet

Oben: Wüchsige, großblättrige Pflanzen wie das Mammutblatt *(Gunnera manicata)* oder der Rhabarber *Rheum palmatum* lassen selbst winzige Teiche interessant aussehen, besonders in Verbindung mit schmalblättrigen, aufrecht wachsenden Schwertlilien (hier *Iris kaempferi*), Funkien, Farnen und Kletterpflanzen. Die Mauer sorgt für Abgeschiedenheit, sie könnte aber durch einen efeubewachsenen Zaun, eine geschnittene Hecke oder eine Strauchreihe ersetzt werden.

Rechts: Gruppen von blühenden Herbstzeitlosen (*Colchicum*-Arten) harmonieren gut mit der prächtigen Herbstfärbung des Japanischen Ahorns. Hier ist eine der vielen Formen von *Acer palmatum* zu sehen. Herbstzeitlosen verwildern leicht und blühen im Herbst rosa, dunkelviolett, malvenfarben oder weiß.

Bäumen und Wasser kommt schon seit vorgeschichtlichen Zeiten große symbolische Bedeutung zu. Der Baum des Lebens, ob Dattelpalme, Quitte, Apfel oder auch Weißdorn, nahm in vielen der als Abbilder der mythologischen Welt gestalteten Gärten einen zentralen Platz ein. Seinen Wurzeln entsprangen die vier Flüsse der Antike, und im Zentrum antiker Gärten fand sich oft ein Springbrunnen oder ein Bassin mit kostbarem Wasser, von dem vier Wasserläufe ausgingen.

Im Fernen Osten sind Bambus, Pflaume und Kiefer schon seit mindestens 2000 Jahren als »die drei Freunde« bekannt. Der Bambus symbolisiert Buddha, die Pflaume Konfuzius und die Kiefer Laotse. Zusammen mit Chrysanthemen und Ahornen findet man diese Pflanzen in ganz China und in Japan auf vielen Trennwänden gemalt.

Waldgärten mit Bäumen und Unterwuchs haben im Westen eine lange Tradition. In den Gärten der Römer fanden sich angepflanzte Gehölzbereiche, die von Grotten und Altären für die Fruchtbarkeitsgötter geschmückt waren. Diese Tradition hielt sich über viele Jahrhunderte und bestand in der Renaissance und im Zeitalter der Aufklärung fort. Im 18. Jahrhundert besaßen viele Gärten nicht nur hübsche Blumenbeete, sondern auch angepflanzte Wildkirschen, Weißdorne und Flieder.

Auch in amerikanischen Gärten waren von Gehölzen bewachsene Bereiche beliebt. Besonders schöne Beispiele finden sich an den Villen am Ufer des Hudson: Montgomery Place und Hyde Park wurden bereits in den zwanziger Jahren des vorigen Jahrhunderts von dem amerikanischen Landschaftsarchitekten Andrew Jackson Downing sehr bewundert.

Später warb William Robinson in seinem Buch *The Wild Garden* (1870) für eine am Beispiel der Natur orientierte Gartengestaltung, und Gertrude Jekyll schuf mit Waldvegetation Pflanzungen, die heute fast alle als klassisch gelten können (siehe Seite 52–53).

Heute befassen sich besonders amerikanische Gartendesigner intensiv mit Gehölzpflanzen, vor allem James van Sweden und Wolfgang Oehme. Ihre gelungenen Kombinationen beziehen alle Ebenen der Waldflora ein.

Das Gärtnern am Wasser kam erst in der Neuzeit auf. Früher, als es sehr kostspielig war, Teiche und Seen an Häusern anzulegen, wollte kein Gartenfreund die spiegelnde Oberfläche durch Seerosen und Schwertlilien unterbrochen sehen. Heute ist es jedoch Mode, von Pflanzen und Tieren besiedelte Teiche und Pflanzen aus Feuchtgebieten im Garten zu kultivieren.

Historische Pflanzenkombinationen

Im Orient wurde in den alten Gärten häufig Wasser – oder ein Symbol dafür – als optisches Hilfsmittel verwendet, um eine zur Besinnung einladende Atmosphäre zu schaffen. Im Westen fand sich selbst in den kleinsten römischen Gärten Wasser, entweder in einem Bassin, in dem man Regenwasser sammelte, oder in einem Springbrunnen, der aus einer gemeinschaftlich genutzten Wasserleitung gespeist wurde. Im mittelalterlichen Europa wurden Springbrunnen oftmals von berühmten Künstlern und Architekten gestaltet.

Da Quellen und Teiche vor allem der Trinkwasserversorgung dienten, wurden sie nur selten bepflanzt, doch einige klassische Kombinationen stammen aus alter Zeit. Man bewunderte die in der Umgebung von Quellen und Teichen besonders reiche Gehölzflora und machte sie zu einem Bestandteil des Gartens.

Ahorne und Azaleen

In Japan gab es bereits Anfang des 17. Jahrhunderts sehr viele Sorten des Fächerahorns *(Acer palmatum)*. Diese wurden gern mit Azaleen und Rhododendren kombiniert. Die fein eingeschnittenen gelbgrünen Blätter des Ahorns heben sich wirkungsvoll von einer kräftig rosa blühenden Azalee ab. Schön ist auch eine Kombination von rotblättrigem *A. palmatum* 'Heptalobum Rubrum' und weißen Azaleen in einem Meer von Dreiblättern *(Trillium)*. Nach der Blüte bilden die grünen Azaleenblätter einen schönen Kontrast zu den Ahornblättern, und die Herbstfärbung ist ebenfalls sehr zierend.

Ansprüche Beide Gehölze lieben schattige, geschützte Standorte und feuchte, aber nicht nasse Böden, die mit Torf und Lauberde angereichert wurden. Der Ahorn ist ein kleiner, langsamwüchsiger Baum. Azaleen bilden niedrige, kissenähnliche Büsche, die mit einem leichten Schnitt nach der Blüte gut in Form zu halten sind.

Weitere Pflanzpartner *Festuca glauca* oder die Seggensorte 'Tauernpass' eignen sich auf kleinem Raum als niedriger Teppich. In größeren Gärten kann man einen stärker wachsenden Ahorn und Bambus verwenden und so den japanischen Eindruck verstärken.

Seerosen und Trauerweiden

In altpersischen Gärten symbolisierte die Trauerweide Majnun, den Geliebten der ertrunkenen Laila, die von der Seerose verkörpert wurde. Die Kombination beider Pflanzen ist wunderschön: Die herabhängenden Zweige einer Chinesischen Trauerweide *(Salix babylonica)* sorgen für vertikale Linien, während die Seerosen horizontale Schwerpunkte bilden. In kühlen Gebieten können rein weiße oder blassgelbe Seerosen *(Nymphaea* 'Marliacea Albida' oder 'Marliacea Chromatella'*)* die zartgrüne Trauerweide ergänzen.

Ansprüche Diese Kombination kommt nur mit einem großen Teich (10 m Durchmesser) richtig zur Geltung. Da Weiden feuchte Böden lieben, ist das Ufer eines Naturteichs ein optimaler Standort. Der Baum kann alle zwei oder drei Jahre als Kopfbaum geschnitten werden, damit er nicht zu groß wird. Bei den Seerosen achte man auf weniger wüchsige Sorten für flachere Gewässer. Weil Seerosen viel Sonne benötigen, darf der Teich nicht beschattet werden.

Weitere Pflanzpartner Gruppen von *Iris japonica* sind eine schöne Ergänzung. Großblättrige Pflanzen erzeugen dramatische Effekte: Wo viel Platz ist, kann man das Mammutblatt verwenden *(Gunnera manicata*, benötigt Winterschutz), sonst das Schildblatt *(Darmera peltata)*.

Gegenüber: Winzige umschlossene Flächen eignen sich hervorragend für eine Kombination von Ahornen und Azaleen. Man kann sie nach japanischem Vorbild gestalten und unter die Pflanzen Kies streuen oder moosbewachsene Steine legen. Auch ein kleiner Teich sähe hier hübsch aus.

Links: Die bekannte Kombination von Seerosen und Trauerweiden in Claude Monets berühmtem Garten in Giverny (Frankreich) in einer modernen Version – mit Brücken in japanischem Stil, von denen Blauregen (Glyzine) wächst, und mit neuen Seerosensorten.

Traditionelle Pflanzenkombinationen

Im 16. Jahrhundert war Wasser ein wichtiger Schwerpunkt vieler europäischer Gärten. In ausgedehnten Gärten fanden sich große Becken, Springbrunnen, Kanäle und sogar nach arabischem Vorbild gestaltete Anlagen. Wasser war ein Statussymbol und musste so klar und glitzernd wie möglich sein. Erst im 18. Jahrhundert ging man dazu über, weniger formale Anlagen zu schaffen und das Wasser mit Seerosen, das Ufer mit Schwertlilien und Schilf zu beleben. Mit dem Aufkommen des »Amerikanischen Gartens« – traditionell ein sumpfiger, torfiger Waldgarten – wurden auch in anderen Teilen des Gartens zahlreiche neue Pflanzenkombinationen eingeführt.

Schneeglöckchen und Krokusse

Schneeglöckchen und Krokusse sind eine Kombination aus dem 16. Jahrhundert, die manche für altmodisch halten. Mit den richtig ausgewählten Pflanzen ist sie aber einfach wunderschön.
Entscheidend ist, dass man die beiden Pflanzpartner nicht zu gleichmäßig mischt. Am besten setzt man sie in Gruppen, deren Größe der des Gartens angepasst ist. Diese Kombination eignet sich für kleine, architektonische Gärten ebenso wie für große, frei gestaltete Flächen. Beide Pflanzpartner gedeihen unter Bäumen und hohen Sträuchern wie zwischen Gras und sind auch in großen Töpfen oder Kübeln sehr hübsch. Einige großblütige Krokussorten erscheinen mir neben den zarten Farben des Schneeglöckchens zu intensiv, ich verwende lieber die *Crocus*-Arten. *C. tommasinianus* blüht als erster Krokus und zeigt prächtige Violetttöne. Auch *C. susianus* und *C. sieberi* sind lohnend. Es gibt viele Sorten von Schneeglöckchen, am wüchsigsten ist jedoch die Art *Galanthus nivalis* selbst.

Ansprüche Schneeglöckchen pflanzt man am besten im Frühjahr nach der Blüte, wenn die Blätter noch grün sind. Auch trockene Zwiebeln wachsen recht gut an. Krokusse werden dagegen besser im Herbst gepflanzt. Beide vermehren sich auch vegetativ, und die Bestände können mit der Zeit so dicht werden, dass sie keine

Gegenüber: Schneeglöckchen blühen stets ungefähr gleichzeitig. Wer möchte, dass auch seine Krokusse zu dieser Zeit blühen, sollte früh blühende Arten verwenden, zum Beispiel *Crocus tommasinianus* oder *C. susianus*.
Links: Schwertlilien und Azaleen passen sehr gut zu einem Teich, der nahe am Haus oder an einer Sitzecke liegt. Mit diesen Pflanzen lassen sich auch kleine städtische Hinterhöfe verschönern.

Blüten mehr hervorbringen. Am besten teilt man die Büschel alle drei oder vier Jahre.

Weitere Pflanzpartner Pflanzen Sie Narzissen *(Narcissus* 'February Silver') und staudige Pfingstrosen *(Paeonia)*, zwischen deren korallenbraunen jungen Trieben die Narzissen besonders schön aussehen. Dazu passen halb immergrüne Farne wie zum Beispiel der Schildfarn *Polystichum setiferum* und früh blühendes Lungenkraut *(Pulmonaria)*.

Schwertlilien und Azaleen

Diese Pflanzpartner für Gehölzbestände und Ufer sind schon seit Jahrhunderten ein typischer Bestandteil japanischer Gärten. Die prachtvolle panaschierte Sumpfschwertlilie *Iris pseudacorus* 'Variegata' wird mit einer Azalee kombiniert. Die architektonische Form der Schwertlilie wird von den goldfarbenen Streifen auf ihren Blättern betont und bildet eine wunderbare Kulisse für die Blätter und die bernstein- und beigefarbenen Blüten der Azalee. Im Herbst zeigt die Azalee eine wunderschöne Herbstfärbung (alle Azaleen sind sommergrüne Gehölze, die nach der botanischen Systematik zur Gattung *Rhododendron* gehören).

Von den unzähligen alten und neuen Azaleensorten sind besonders zu empfehlen: 'Magnificum' mit rosarot überlaufenen Blütenknospen, hellen Blüten und wunderbarem Duft; 'Narcissiflorum' mit kräftig gelben, ebenfalls duftenden Blüten; 'Palestrina' mit weißen Blüten. Zauberhaft ist auch die Art *Rhododendron occidentale*. Die Schwertlilie sollte hier nicht durch eine andere *Iris* ersetzt werden; in trockeneren Bereichen des Gartens kann man jedoch *I. pallida* 'Variegata' gut mit gelben Azaleen wie *R. luteum* oder *R.* 'George Reynolds' kombinieren.

Ansprüche Beide Pflanzpartner lieben Sonne und lichten Schatten und gedeihen ebenso in einem normalen Blumenbeet wie an einem Naturteich. Alle Azaleen bevorzugen torfhaltige, saure Böden. Die Schwertlilie bildet rasch einen größeren Bestand. Sie kann leicht durch Samen vermehrt werden, die im Herbst gesät und im Freien überwintert werden.

Weitere Pflanzpartner Wo nur wenig Platz ist, passen Wiesenrauten zu dieser Kombination *(Thalictrum minus* oder *T. aquilegifolium)*. Pflanzen mit auffälligen Blättern, die für Kontraste sorgen, sind etwa hell blühende Bergeniensorten wie 'Brahms' oder *Astilboides (Rodgersia) tabularis*. Für größere Gärten bieten sich Bambus, Ligularien und Farne an.

Traditionelle Pflanzenkombinationen | 45

Prachtspieren und Königsfarn

Diese traditionelle Kombination ist ein Glanzpunkt in den Sir-Harold-Hillier-Gärten in Romsey, Hampshire, England. Die rosa Blüten und die schwach purpurfarbenen Blätter der Prachtspieren (*Astilbe*) kontrastieren im Sommer mit den üppigen Farnen. Später im Jahr trägt der Königsfarn (*Osmunda regalis*) goldbraune Wedel, und die Blütenstände der Prachtspiere färben sich braun, halten aber so lange, bis man sie entfernt. Raureif lässt sie besonders schön aussehen. Das Farbspektrum der Prachtspieren reicht von cremefarben bis zu tiefrot. Besonders empfehlenswert sind *Astilbe astilboides* 'Betsy Cuperus' und *A.* 'Amethyst'.

Ansprüche Beide Pflanzpartner lieben feuchte, nährstoffreiche Böden und lichten Schatten. Sie sind völlig winterhart. Der Königsfarn bildet mit der Zeit große Horste, die im Frühjahr geteilt werden können. Man kann auch Sporen auf Torf aussäen und mit Folie bedeckt an einem schattigen Ort anziehen. Prachtspieren können im Frühjahr oder im Herbst geteilt werden.

Weitere Pflanzpartner Das hohe Chinaschilf (*Miscanthus sinensis*) bildet mit seinen bläulich grünen Blättern und den hellen, lockeren Blütenständen einen guten Hintergrund. Die linealischen Blätter der Sibirischen Schwertlilie (*Iris sibirica*) kontrastieren eindrucksvoll mit den Farnen, am besten verwendet man die rosa blühende Sorte 'Sparkling Rosé'.

Rodgersien und Primeln

Eine hübsche Uferbepflanzung des späten 19. Jahrhunderts mit leuchtenden Herbstfarben sind karminrote und bronzefarbene *Rodgersia podophylla* zwischen den abgestorbenen Fruchtständen von *Primula sikkimensis*. Diese Kombination ist auch im Frühjahr und Sommer sehr hübsch, wenn *Rodgersia* weiße Blütenschleier trägt und die gelben Primelblüten zart duften. Alle Rodgersien sind gute Blattschmuckpflanzen, die sich in der Form der Blätter unterscheiden. *R.* 'Parasol' besitzt blassgrüne, scheibenförmige Blätter und benötigt mehr Feuchtigkeit als viele andere Sorten. Zu den lohnenden Primeln gehören auch *P. florindae* und die duftende *P. alpicola*.

Ansprüche Rodgersien benötigen feuchte Böden und gedeihen am besten in lichtem Schatten. Primeln lieben sonnige Lagen und sollten daher unmittelbar neben dem schattigen Bereich wachsen. Rodgersien vermehren sich nur langsam, lassen sich ab einer gewissen Größe aber leicht teilen. Man kann sie auch gut aus Samen anziehen. Die Sämlinge sollten in einem Vermehrungsbeet wachsen, bis sie groß genug sind, um ausgepflanzt zu werden.

Weitere Pflanzpartner Eine schöne Ergänzung ist der wintergrüne Wurmfarn (*Dryopteris filix-mas*). Hübsch sind auch violett blühende *Iris ensata*-Hybriden am Ufer, ebenso Königsfarn, Straußenfarn (*Matteuccia struthiopteris*) und eine Segge, etwa *Carex stricta* 'Bowles' Golden'.

Gegenüber: Eine Kombination von Prachtspieren *(Astilbe* 'Erica'), Königsfarn *(Osmunda regalis)* und Straußenfarn *(Matteuccia struthiopteris).*

Links: Rodgersien und Primeln passen zu einem künstlichen Teich ebenso wie zu einem Naturteich.

Unten: Primel-Fruchtstände bilden einen hübschen Kontrast zu bogig überhängenden Seggenblättern. Ist Ihr Teich mit Folie ausgelegt, sollten Sie die Ufer mit Pflanzen trockenerer Standorte begrünen, etwa der Edeldistel *Eryngium planum* 'Tripartitum' und dem Storchschnabel *Geranium* x *riversleaianum* 'Russell Prichard'.

Primeln und Seggen

Diese Kombination ist im Spätsommer am schönsten, denn die Fruchtstände der Primeln passen sehr gut zu den bogig überhängenden Blättern der Seggen. Der beste Standort ist der Rand eines sonnigen, frei gestalteten Naturteichs. Viele Primeln lieben feuchte Böden, etwa *Primula alpicola* und verschiedene Sorten wie 'Inverewe'. Bei der Segge *Carex pendula* hängen die Blütenstände bogig über. Auch Igelkolben *(Sparganium erectum)* passt hier gut.

Ansprüche Primeln und Seggen lieben sonnige Lagen mit feuchtem bis nassem, torfhaltigem Boden. Beide bilden bereits nach kurzer Zeit große, dichte Bestände. Seggen müssen alle paar Jahre ausgelichtet werden. Primeln vermehren sich durch Selbstaussaat.

Weitere Pflanzpartner Infrage kommen *Iris pseudacorus* var. *bastardii* (deren Blüten gut zu Primelblüten passen) und verschiedene Sorten von *Iris kaempferi*.

Funkien und Seerosen

Nur wenige Kombinationen von Ufer- und Wasserpflanzen sind so schön wie diese: hintereinander angeordnete, blaugrüne *Hosta*-Blätter oberhalb der leicht welligen, scheibenartigen Blätter und der üppigen Blüten der Seerose – auf dem Foto ist *Nymphaea* 'Marliacea Carnea' zu sehen. Funkien am Rand eines Teichs passen hervorragend zu Seerosen und bilden zudem einen schönen Übergang zwischen dem Teich und dem übrigen Garten.

Diese Kombination eignet sich ebenso für einen architektonischen Teich in einem sonnigen Hinterhof wie für einen Teich im Garten eines Landhauses und passt zu sehr kleinen wie zu großen Teichen. Seerosen mögen jedoch weder rasch fließendes Wasser noch benachbarte Fontänen.

Hier kommen Hunderte von Funkien infrage, von der riesigen *Hosta sieboldiana* var. *elegans* bis hin zur hübschen *H. plantaginea* var. *japonica* mit strahlend weißen, duftenden Blüten. Die Auswahl an Seerosen ist ebenfalls groß. Blaue Funkien passen gut zu rosa blühenden Seerosen wie *N.* 'Marliacea Carnea' oder *N.* 'Masaniello'. Zu grünen Funkien passt die gelbe *N.* 'Odorata Sulphurea' oder die tiefrosa blühende *N.* 'Laydekeri Lilacea'.

Ansprüche Der Standort muss offen sein, denn die Seerosen benötigen viel Sonne. Die Auswahl der Funkien sollte sich nach dem Standort richten. Goldblättrige oder panaschierte Formen eignen sich nicht, da sie leicht an Sonnenbrand leiden. Funkien brauchen recht nährstoffreiche, feuchte Böden. Weil ihre Blätter gern von Schnecken befressen werden, sollte man diese regelmäßig bekämpfen. Für einen ähnlich großen Funkienbestand wie auf dem Foto sind mindestens acht oder neun Pflanzen nötig. Man kann Funkien jedoch jedes Jahr problemlos durch Teilung vermehren. Die Pflanztiefe der Seerose und die Größe des nötigen Behälters hängen von der jeweiligen Sorte ab.

Weitere Pflanzpartner Seerosenblätter kontrastieren gut mit den schmal ovalen, der Wasseroberfläche aufliegenden Blättern der Wasserähre *(Aponogeton)*, die ebenfalls duftende Blüten besitzt, und mit den lanzettlichen, aufrechten Blättern des Hechtkrauts *(Pontederia)*. Die erstaunlich hohe panaschierte Teichbinse *Schoenoplectus (Scirpus) lacustris* 'Albescens' wie auch *S. lacustris* ssp. *tabernaemontani* 'Zebrinus' (deren Blätter goldfarbene Ringe tragen) sorgen für interessante vertikale Kontraste.

Traditionelle Pflanzenkombinationen 49

Hasenglöckchen und Silberlinge

Hasenglöckchen *(Hyacinthoides non-scripta)* und Judassilberling *(Lunaria annua)* wurden schon im Mittelalter gern miteinander kombiniert, denn sie sind robust, schattenverträglich und breiten sich sogar recht stark aus. Das Zusammenspiel von Violett und Blau bildet einen üppigen Auftakt zur Farbenpracht des Sommers. Beide passen als Unterwuchs zu lichten Baumbeständen und großen Sträuchern, aber auch in Cottage-Gärten und kleine Stadtgärten.

Besonders gut duftet das ausdauernde Silberblatt *(Lunaria rediviva)*. Es blüht hell veilchenfarben und bildet ovale Schotenfrüchte. Auch beim Hasenglöckchen gibt es mit dem zartrosa oder weiß blühenden *H. hispanica* Variationsmöglichkeiten.

Ansprüche Hasenglöckchen können aus Samen angezogen werden, oder man kauft blühfähige Zwiebeln. *L. annua* wird am besten aus Samen angezogen. Beide Pflanzpartner ertragen zwar Schatten und nährstoffarme Böden, aber keine Trockenheit.

Weitere Pflanzpartner *Anemone blanda* 'White Splendour' und blassgelber Hundszahn *(Erythronium)* sorgen für helle, leuchtende Farben.

Vorherige Doppelseite: Eine elegante Kombination von Funkien und Seerosen.
Oben: Hasenglöckchen und Silberlinge ergänzen andere Schatten liebende Pflanzen hervorragend.
Rechts: Eine aus Buchen mit unterschiedlich gefärbtem Laub bestehende Hecke sorgt für stilvollen Schutz.
Gegenüber: Pfeifenstrauch und Weigelie sind hübsche Pflanzpartner, seit die Weigelie Ende des 19. Jahrhunderts aus Japan eingeführt wurde.

Pfeifenstrauch und Weigelie

Diese traditionelle Kombination ist zumindest seit 1880 in Europa und Amerika beliebt. Die rosa Blüten und der oft recht ausladende Wuchs von Weigela passen sehr gut zu den hohen, bogigen Zweigen des Pfeifenstrauchs oder Falschen Jasmins (Philadelphus) und seinen weißen, stark duftenden Blüten.

Diese schöne Kombination eignet sich auch als frei wachsende Hecke für den Vorgarten, vor allem für Häuser aus den zwanziger und dreißiger Jahren. Am besten pflanzt man nur grünblättrige Sorten, denn Pfeifenstrauchblüten heben sich kaum von gelben oder panaschierten Blättern ab, und Weigelienblüten passen nicht gut zu purpurfarbenen oder panaschierten Blättern. Vorzugsweise pflanzt man die Weigelien vor eine große Pfeifenstrauchsorte, zum Beispiel 'Beauclerk' oder 'Polar Star'. W. 'Bristol Ruby' und W. 'Newport Red' zeigen schöne Rottöne, aber auch die aus Japan stammende Wildform W. florida ist wunderhübsch.

Ansprüche Beide Sträucher sind leicht zu halten, lieben gute Böden und ertragen auch tieferen Schatten. Am besten schneidet man beide Sträucher nach der Blüte. Für eine Hecke kann man eine ausreichende Anzahl an Pflanzen in kurzer Zeit leicht aus Stecklingen selbst heranziehen.

Weitere Pflanzpartner Pfeifensträucher und Weigelien sehen unter weiß blühenden Kirschen oder Mandelbäumen sehr schön aus. Als Unterwuchs eignen sich Elfenblumen (Epimedium) und Blaustern (siehe Seite 62). Hübsch sind auch einige hohe Bartiris in Bronze und Pflaumenblau.

Buchenhecken aus unterschiedlichen Pflanzen

Im Altertum bestanden Hecken aus vielen verschiedenen Gehölzen, und im 19. Jahrhundert setzten William Robinson und andere diese Tradition in abgewandelter Form fort. Eine klassische Kombination ist die Mischung von grün- und purpurblättrigen Buchen (Fagus sylvatica), deren Farbkontraste vom Frühjahr bis zum Frühherbst sehr wirkungsvoll sind. Im Handel gibt es verschiedene purpur- oder rotblättrige Sorten. Am häufigsten findet man in Deutschland 'Swat Margret', sie weist von allen Blutbuchen die dunkelsten und größten Blätter auf und behält ihre Färbung bis in den Herbst.

Diese bunten Buchenhecken eignen sich sehr gut zur Abtrennung des Blumengartens von einem Gehölzbestand oder zur Umfriedung eines rechteckigen Rasens mit einem formal gestalteten Teich. Weil Buchen den Boden stark auszehren, sollte man sie jedoch nicht direkt neben Blumenbeete pflanzen.

Auch die weiß und gelb panaschierten Buchensorten kommen für Hecken infrage. Grüne und gelbgrüne Eiben wie Taxus baccata 'Aureum' eignen sich ebenfalls, sorgen in kleinen Gärten aber oft für zu starke Kontraste.

Ansprüche Für ein gutes Wachstum brauchen Buchen gute Böden. Am besten gedeihen sie in sonnigen oder leicht schattigen Lagen. Der Abstand zwischen den Pflanzen sollte etwa 1 m betragen. Für hohe Hecken setzt man zwei Pflanzenreihen. In den bunten Hecken sollte jede fünfte oder sechste Pflanze purpurfarbene Blätter besitzen. Die Hecken müssen zwei- oder dreimal im Jahr geschnitten werden. Ihre Höhe ist nach oben praktisch unbegrenzt, sie sollten aber mindestens 2 m hoch und 1 m breit sein, damit die Farbkontraste zur Geltung kommen.

Weitere Pflanzpartner Zu diesen Hecken passen Stechpalmen mit ihren glänzenden Blättern, deren Dornen überdies unerwünschte Besucher fern halten. Wegen ihrer dunklen, immergrünen Nadeln harmoniert auch die Eibe gut mit Buchen. Beide lassen die Hecken bis weit in den Winter hinein hübsch aussehen; zusätzlich kann man noch Kapuzinerkresse pflanzen (siehe Seite 28.).

Pflanzenkombinationen verschiedener Gartendesigner

Oben: Die Auswahl an panaschierten Funkien ist groß. Leicht zu kultivieren und verbreitet anzutreffen sind *Hosta* 'Thomas Hogg' und *H. fortunei* var. *aureomarginata*. Sie lassen sich gut mit pflegeleichten Farnen kombinieren, zum Beispiel mit dem Wurmfarn *(Dryopteris filix-mas)*.
Mitte: Beim robusten, halb immergrünen Schildfarn *(Polystichum setiferum)* variieren die verschiedenen Sorten in ihren Brauntönen. Dieser Farn passt gut zu einem Teppich der winzigen Funkie *Hosta lancifolia*.
Unten: Hosta kann in verschiedenen Violetttönen oder in Weiß blühen. Manche Sorten sind sehr auffällig, und einige duften wunderbar.

Ende des 19. Jahrhunderts wurden neue Seerosensorten aus China und Japan eingeführt. Viele französische Zuchtbetriebe boten neue Kreuzungen an, und auch Japanische Schwertlilien wurden zu beliebten Gartenpflanzen. Zu jener Zeit begann man, Seerosen mit Japanischen Schwertlilien zu kombinieren, und Monets Gemälde trugen viel zur Beliebtheit dieser Pflanzpartner bei.

Viele Pflanzenkombinationen des späten 19. Jahrhunderts sind bis heute aktuell. In jedem Gartencenter sind einige der hier genannten Pflanzen erhältlich. Verschiedene Gartendesigner experimentieren mit neuen Kombinationen. Sie verwenden ungewöhnliche Gräser und Seggen ebenso wie neue Primeln und Weidericharten. Viele amerikanische Gartendesigner arbeiten besonders gern mit Gehölzbeständen. Sie lassen Bäume und andere Pflanzen bis zu den Fenstern von Wohnhäusern oder Bürogebäuden emporwachsen.

Heute legt man mehr Wert auf eine umweltgerechte Bepflanzung als früher, und viele Gartenfreunde möchten in ihrer unmittelbaren Umgebung die Natur nachbilden, die jenseits ihres Gartentores immer mehr verschwindet.

Farne und Funkien

Diese Pflanzpartner sind wie füreinander geschaffen. Viele Farne haben genau die gleichen Standortansprüche wie Funkien, und die oft fein zerschlitzten Farnwedel passen hervorragend zu den geraden, einfachen Blättern der Funkien. Gertrude Jekyll gehörte zu den ersten Gartendesignern, die mit Funkien *(Hosta,* damals *Funkia)* gestalteten. Ein oder zwei Arten waren bereits im 18. Jahrhundert bekannt, die meisten wurden jedoch Ende des 19. Jahrhunderts nach Europa eingeführt. Trotz der großen Vielfalt an fremdländischen Farnen, die seit den sechziger Jahren des 19. Jahrhunderts erhältlich waren, liebte Gertrude Jekyll eher die einheimischen Arten.

Wald- und Wasserpflanzen

Dank ihrer Vielseitigkeit ist diese Kombination in architektonischen Gärten ebenso wirkungsvoll wie in frei gestalteten. Es gibt kleine Arten für schattige, geschützte Blumenkästen oder für Töpfe, aber auch große Pflanzen, die neben einem großen Teich oder Becken wachsen können – die Blätter einer gut gedüngten H. sieboldiana 'Elegans' können bis 1 m lang werden!

Der Reichtum an Farnen lädt zum Experimentieren ein, dazu kommt, dass viele Arten enorm variieren. Sorten häufiger Farne wie Wurmfarn (Dryopteris filix-mas), Tüpfelfarn (Polypodium vulgare) und Schildfarne (Polystichum) können sehr unterschiedlich aussehende, manchmal gekräuselte oder kammförmige Wedel haben.

Auch die Auswahl an verschiedenen Funkien ist schier endlos. Panaschierte und gelbblättrige Formen benötigen schattige, oft auch geschützte Lagen. Manche Funkien sind kaum 15 cm hoch, einige besitzen gewölbte, gedrehte oder am Rand hübsch gewellte Blätter. 'Royal Standard' und andere Sorten blühen auch sehr dekorativ.

Ansprüche Farne und Funkien eignen sich für schattige Lagen, manche sogar für tiefen Schatten. Einige gedeihen auch in recht trockenen Böden, die meisten lieben aber feuchte oder gar nasse Standorte. Funkien sind in der Regel winterhart, doch bei der Auswahl der Farne sollte man auf ausreichende Winterhärte achten. Farne haben kaum unter Krankheiten und Schädlingen zu leiden, Funkien jedoch sehr unter Schneckenfraß. Dieses Problem ist in einem Garten weniger gravierend, in dem viele Kröten und Igel leben.

Manche Farne vermehren sich durch Ausläufer, andere durch kleine Brutknospen oder winzige Pflänzchen auf ihren Wedeln. Einige lassen sich nur durch Aussaat der Sporen vermehren. Hierzu füllt man ein durchsichtiges Kunststoffröhrchen mit einigen Zentimetern feuchter Erde, auf die man ein Stück Farnwedel mit den braunen Sporangien nach unten legt. Das Röhrchen wird mit einem Deckel verschlossen und an einen kühlen, schattigen Ort im Freien gestellt. Nach einem Jahr haben die Pflänzchen Wedel gebildet. Funkien lassen sich sehr gut durch Teilung im Frühjahr vermehren. Wer neue Formen ziehen möchte, kann Samen sammeln und aussäen.

Weitere Pflanzpartner Gute Pflanzpartner sind Rodgersien, fast alle Prachtspieren (blass fliederfarbene passen hervorragend zu blaublättrigen Funkien), Schwertlilien, Zierlauch und Akelei (Aquilegia). Eine größere Gruppe von gelber Aquilegia aurea oder A. chrysantha 'Yellow Queen' sieht schön neben Hosta plantaginea oder Sorten von H. tokudama aus. Hierzu passen auch immergrüne Schwertlilien, besonders Iris foetidissima.

Nächste Seite: Hosta undulata var. univittata bildet zusammen mit anderen Funkien einen hübschen Unterwuchs unter Bäumen und Sträuchern. Diese Funkie passt auch gut zu Farnen mit gefiederten Wedeln, Wiesenrauten, Akelei und Tränendem Herz.

Taglilien und Frauenmantel

Der Großblättrige Frauenmantel (Alchemilla mollis) gelangte erst Ende des 19. Jahrhunderts nach Mittel- und Westeuropa und wurde von vielen Gartengestaltern begeistert aufgenommen. Gertrude Jekyll kombinierte ihn mit der altmodischen Taglilie Hemerocallis 'Europa'. Die zartgrünen, gelappten Blätter und die duftigen, gelbgrünen Blütenstände des Frauenmantels kontrastieren schön mit den linealischen, bogig überhängenden Blättern und den beige-orangefarbenen Blüten der Taglilie. Diese Kombination findet sich auch auf beiden Seiten der Ziegelsteinwege im Garten von Hidcote in Gloucestershire (England), den Lawrence Johnston entwarf.

Taglilien und Frauenmantel eignen sich auch für schattige städtische Vorgärten und kommen neben Gartenteichen ebenfalls gut zur Geltung. Schön sind sie auch neben blassrosafarbenen Taglilien unter einem Bestand hoch geschnittener Fliedersträucher.

Vom Frauenmantel sind auch kleinere, weniger schattenverträgliche Arten erhältlich. Die Auswahl an Taglilien ist riesig, am besten pflanzen Sie hohe Sorten. Aber auch die überhängende, duftende Hemerocallis lilioasphodelus passt hervorragend zu Frauenmantel.

Ansprüche Beide Pflanzpartner gedeihen an feuchten, schattigen Standorten, aber auch in sonnigen Lagen. Der Frauenmantel beginnt im Sommer zu blühen. Wächst er zu dicht, schneidet man ihn einfach bis zum kriechenden Trieb zurück. Einige Wochen später hat er neue Blätter gebildet. Auf diese Weise verhindert man auch, dass die Pflanzen Samen ansetzen. Taglilien werden am besten im Herbst oder Frühjahr durch Teilung vermehrt. Im zeitigen Frühjahr sollte man auf Schnecken achten, die die jungen Blätter befressen.

Weitere Pflanzpartner Für schöne Herbstfarben sorgen cremefarbener Geißbart (Aruncus dioicus) und Goldrute (Solidago, siehe Foto). Wer die Pflanzenkombinationen Gertrude Jekylls besonders liebt, sollte Farne und Bergenien mit ihren großen, glänzenden Blättern verwenden – die lebhaft gefärbten Blüten der Bergenien sind verwelkt, lange bevor die Taglilie zu blühen beginnt, und ihre Farbe erscheint neben dem Frauenmantel viel weicher.

Gegenüber: Taglilien sind hübsche Pflanzen für den Halbschatten. Wenn die hier abgebildete 'Europa' nicht erhältlich ist, kann man sie durch eine gelbe Sorte ersetzen, etwa durch 'Whichford' mit ebenfalls elegant geformten Blüten.
Links: Ein schöner Anblick von der Terrasse oder vom Fenster aus: Taglilien und Frauenmantel als Kontrast zu Schildblättern *(Peltiphyllum)* und Seerosen.
Unten: Ein üppiger Bestand aus Schneerosen (Nieswurz, *Helleborus)* und Salomonssiegel *(Polygonatum).*

Schneerosen und Salomonssiegel

Im Garten von Margery Fish in East Lambrook Manor im englischen Somerset kann man viele zauberhafte Pflanzenkombinationen bewundern. Unter Kopfweiden in ihrem »Graben-Garten« finden sich Salomonssiegel *(Polygonatum* x *hybridum)* und zahllose rot blühende Schneerosen *(Helleborus orientalis)*. Besonders stimmungsvoll ist diese Kombination an einem schmalen, schattigen Weg, der einen Gehölzbestand durchzieht oder zu Ihrer Haustür führt.

Ansprüche Beide Pflanzpartner sind winterhart und lieben feuchte, im Sommer schattige Standorte und nährstoffreichen Boden. Die Pflanzen werden nur sehr selten von Krankheiten und Schädlingen befallen. Manchmal werden die Salomonssiegel allerdings von Schnecken angefressen.

Weitere Pflanzpartner In meinem Garten habe ich diese Pflanzen zusammen mit weißer Madonnenlilie *(Lilium candidum)* unter einen alten Apfelbaum gepflanzt.

Perückenstrauch und Waldrebe

Die purpurblättrige Form des Perückenstrauchs (Cotinus coggygria 'Royal Purple'), die bis zu 3 m hoch wird, sieht neben den überhängenden jungen Blüten von *Clematis* 'Etoile Rose' sehr schön aus. Diese Kombination entstand in den dreißiger Jahren unseres Jahrhunderts. Sie eignet sich für schattige Strauchbestände und besonders für städtische Vorgärten, die mit hochwertiger Bepflanzung gestaltet werden sollen.

Ansprüche Der Perückenstrauch ist leicht zu kultivieren und gedeiht in der Sonne wie im Schatten. Sowohl Blätter als auch Blüten sind sehr dekorativ, und auch die scharlach- und burgunderrote Herbstfärbung ist sehenswert. *Clematis* 'Belle Etoile' stirbt jedes Jahr bis zum Boden ab. Wenn die Pflanzen im Frühjahr neu austreiben, werden alle abgestorbenen Triebe entfernt. C. 'Belle Etoile' ist eine recht seltene Sorte, eine Alternative ist 'Gravetye Beauty'. Auch diese Sorte kann bis zur Basis absterben. Wenn man die alten Triebe entfernt, muss man darauf achten, dass die Pflanzen nicht zu viel altes Holz besitzen, und es bei Bedarf herausschneiden.

Weitere Pflanzpartner Diese Kombination kann mit einer üppigen Bepflanzung aus Storchschnabel *(Geranium)* umgeben werden. Infrage kommen zum Beispiel *G. sylvaticum* 'Mayflower' (siehe Foto) oder *G. pratense*, dessen Sorte 'Mrs. Kendall Clark' blau oder blassviolett blüht. Schön finde ich hier auch *G. phaeum*; die reine Art hat schwarzviolette, die Sorte 'Lily Lovell' blassere Blüten.

Grünblättrige Perückensträucher lassen sich leicht aus Samen anziehen und sehen vielleicht noch schöner als die purpurblättrige Sorte aus. Im Sommer tragen sie duftige, wie Rauch über der Pflanze liegende grünrosa Blütenstände, und im Herbst färben sich die Blätter intensiv scharlachrot. Sie passen besonders gut zu der spät blühenden *Clematis* 'Huldine' mit silbrig rosa Blüten und der ebenfalls spät blühenden, nicht kletternden *C.* x *bonstedtii* 'Côte d'Azur' mit silbrig blauen Blüten.

Gegenüber: Perückensträucher *(Cotinus coccygria)* und Waldreben gedeihen an halbschattigen ebenso gut wie an sonnigen Standorten.
Links: Primula pulverulenta mit Schwertlilien und Funkien.
Nächste Seite, links: Der Scheinmohn *Meconopsis grandis* bildet an schattigen Standorten mit feuchtem, torfhaltigem Boden große Bestände.
Nächste Seite, Mitte: Scheinmohn mit Primelkreuzungen im Hintergrund.
Nächste Seite, rechts: Scheinmohn mit Farnen, Funkien und Primeln.

Scheinmohn und Primeln

Schöne Bestände von Scheinmohn *(Meconopsis)* und Etagenprimeln sind in schattigen Waldgärten aller gemäßigten Gebiete zu finden. Die seidig durchscheinenden, faltigen, blauen Blütenblätter von *M. betonicifolia* und die bei vielen Primeln dunkelrosa oder kräftig rot gefärbten Blüten ergeben ein wunderbares Bild, das den Garten sehr bereichern kann.

Diese Kombination macht sich gut neben einer Sitzecke unter Gehölzen oder als Saum eines Bachs oder Grabens. Einige Primeln, vor allem *Primula pulverulenta* und ihre zahlreichen Kreuzungen, können wie die schönen *P. florindae* und *P. helodoxa* bis an das Ufer eines Naturteichs heranwachsen.

M. betonicifolia ist eine dekorative, zuverlässige Pflanze. Es gibt noch eindrucksvollere, aber ungleich heiklere Arten und eine ganze Reihe von wunderschönen Kulturformen, mit denen das Experimentieren lohnt. Unter den Primeln ist die ziegelrote Sorte 'Inverewe' für den Anfang zu empfehlen.

Ansprüche In kühlen Gebieten gedeiht Scheinmohn in lichtem Schatten auf feuchten Böden. In wärmeren Gegenden benötigt er wie die Primeln unbedingt ausreichend Feuchtigkeit und kühlenden Schatten. Beide sind auch in größerer Zahl recht leicht aus Samen anzuziehen, winterhart und leiden nur selten unter Krankheiten oder Schädlingen. Dickmaulrüssler können die Bestände beider Pflanzpartner jedoch dezimieren, wenn man nicht aufpasst.

Weitere Pflanzpartner Feuchtigkeitsliebende Farne verschönern das Bild, besonders der Straußenfarn *(Matteuccia struthiopteris)* mit seinen leuchtend grünen jungen Wedeln und der kriechende Perlfarn *(Onoclea sensibilis)*, dessen breite, olivgrüne Wedel sich im Herbst rostbraun färben. Passend sind auch nicht panaschierte Funkien, Sumpfschwertlilien *(Iris pseudacorus* ist in verschiedenen gelben Blütentönen und auch mit panaschierten Blättern erhältlich) und Sibirische Schwertlilien *(I. sibirica)*, etwa 'White Swirl', 'Pink Haze' und die violette 'Lady Vanessa'. Solche Pflanzungen bilden einen dekorativen Unterwuchs für hübsch blühende Hartriegel wie zum Beispiel *Cornus florida* 'White Cloud' oder auch *C. florida* 'Apple Blossom'.

Pflanzenkombinationen verschiedener Gartendesigner

Elfenblumen und Blausterne

Graham Stuart Thomas setzte die prächtige bodendeckende Kombination aus der leuchtend gelb blühenden Elfenblume *Epimedium pinnatum* und himmelblau blühendem Zweiblättrigem Blaustern (*Scilla bifolia*) ein, um den faszinierenden, aber wenig bekannten Strauch *Stachyurus praecox* (Schweifähre) zu unterpflanzen. *Scilla bifolia* wird viel zu selten gepflanzt. Wenn Sie diese Pflanze nicht bekommen können, ersetzen Sie sie am besten durch die hellere, früher blühende *S. mischtschenkoana*, die auch zu anderen Elfenblumen passt. Einige von diesen tragen bernsteinfarbene oder sogar dunkelrosa Blüten. Die Blätter dieser Pflanzpartner sind eine Pracht!

Ansprüche Die Elfenblumenblätter sollten im Winter nicht abgeschnitten werden, damit sie einen Kontrast zu den linealischen *Scilla*-Blättern bilden. Die Blüten sind dennoch gut sichtbar. Elfenblumen vermehren sich recht gut. Sie lieben Schatten und eignen sich auch für trockene Böden. Blausterne versamen stark.

Weitere Pflanzpartner Ein Bestand von Blausternen und Elfenblumen sieht unter Haselsträuchern sehr dekorativ aus.

Tränendes Herz und Wolfsmilch

Diese hübsche Kombination geht auf die englische Gartengestalterin Margery Fish zurück. Sie zog das altmodische Tränende Herz (*Dicentra spectabilis*) den Neueinführungen vor und schrieb in den sechziger Jahren, wie sehr sie es bedaure, dass es aus der Mode käme. Margery Fish liebte auch das leuchtende Grüngelb der Vielfarbigen Wolfsmilch (*Euphorbia polychroma*). Die bogig überhängenden Blütenstände des Tränenden Herzens mit ihren kräftigen Rosa- und Weißtönen bilden einen schönen Kontrast zu dem intensiven Gelb der Wolfsmilch, während die zartgrünen Blätter des Tränenden Herzens die Pflanzpartner miteinander verbinden.

Ansprüche Beide Pflanzpartner lieben kühle, feuchte Standorte. Das Tränende Herz braucht einen Platz, an dem die Blütenstände nicht beschädigt werden, denn sie brechen leicht ab. Beide Arten blühen im Spätfrühling, wachsen ohne Probleme und sind für regelmäßige Düngergaben dankbar.

Weitere Pflanzpartner Hierzu passt eine Kombination von Farnen und Funkien (siehe Seite 52–54) oder eine Schwertlilie wie die Sorte 'Holden Clough'.

Gegenüber oben: Elfenblumen und Blausterne eignen sich für Gehölzbestände und für schattige Bereiche städtischer Gärten. Sie gedeihen auch in einem großen Kübel unter einem in Form geschnittenen Lorbeerbaum und unter frühlingsblühenden Sträuchern.
Gegenüber unten: Vom Tränenden Herzen *(Dicentra spectabilis)* gibt es auch eine weiß blühende Form. Auch verschiedene andere *Dicentra*-Arten und Sorten werden angeboten. Eine der besten Sorten ist 'Stuart Boothman' mit kräftig rosafarbenen Blüten über den hübschen, silbrigen Blättern.
Links: Manche Ligularien besitzen kräftig gefärbte Blätter und leuchtend gelbe Blütenstände, die Schmetterlinge anlocken.

Ligularien und Federmohn

Diese zu Beginn unseres Jahrhunderts entstandene Kombination sorgt wie kaum eine andere für kräftige Farben an einem Teich oder an einem geschützten Standort mit feuchtem Boden. Der hohe Federmohn (*Macleaya cordata* und Sorten von *M. microcarpa*) mit großen, rauchgrauen Blättern und creme- oder rosafarbenen Blüten wird zusammen mit *Ligularia stenocephala* (oder *L.* 'The Rocket') gepflanzt, deren dunkelgrüne, unterseits violette Blätter unter den hohen gelben Blütenständen hübsch aussehen. Beide Pflanzpartner werden sehr hoch – Federmohn bis 2,5 m. Sie verleihen einem Beet am Weg ebenso wie einem feuchten Standort unter lichten Gehölzen eine besondere Ausstrahlung.

Ansprüche Diese Pflanzen wachsen gut und müssen bei Schutz vor Wind auch nicht gestützt werden. Beim Federmohn muss man darauf achten, dass er sich nicht zu stark ausbreitet. Ligularien sind weniger invasiv, vermehren sich aber ebenfalls rasch. Beide Pflanzpartner lieben nährstoffreiche und feuchte Böden, vertragen aber keinesfalls Staunässe.

Weitere Pflanzpartner Rosaroter oder intensiv malvenfarbener Phlox sieht neben diesen Pflanzen im Herbst wunderschön aus, wenn die gelben *Ligularia*-Blüten verwelkt sind und die Blätter des Federmohns dezentere Farbtöne zeigen.

EIN BERÜHMTER GARTENDESIGNER:
Claude Monet

Rechts: Seerosen wies man schon immer eine besondere Bedeutung zu. Diese bezaubernden Exemplare sind sämtlich Kreuzungen. In Mitteleuropa glaubte man einst, dass *Nymphaea alba* böse Geister fern hielte. Von Indien bis China verehren die Buddhisten die blau blühende *N. stellata*.

Gegenüber unten: Die flachen Blätter der Seerose zeigen oft eine schöne bronzefarbene und grüne Zeichnung. Zusammen mit dem grün gestrichenen Kahn betonen sie die horizontale Ebene des Wassers und brechen dessen spiegelnde Oberfläche. Die bogenförmige Brücke und die üppige Uferbepflanzung machen das malerische Bild noch schöner.

CLAUDE MONET (geb. 1840) lebte von 1883 bis zu seinem Tod 1926 in Giverny, erst als verarmter Mieter, später als wohlhabender und erfolgreicher Eigentümer. Garten und Haus wurden gelungen restauriert, nachdem man sie in den dreißiger und vierziger Jahren etwas vernachlässigt hatte.

Der als Clos Normand bekannte Teil des Gartens war Monets erster Garten in Giverny. Monet unterteilte ihn in rechteckige Pflanzbereiche, die sich beiderseits des bekannten zentralen Weges erstreckten. Der Garten sollte ursprünglich als Küchengarten der Versorgung der Familie dienen, doch schließlich war er voll Schnittblumen. Das Gartenjahr begann im Frühjahr mit Tulpen, Jonquillen *(Narcissus jonquilla)* und anderen Narzissen und endete im Spätherbst mit Dahlien und Rosen.

1895 erwarb Monet das Land für den Wassergarten. Gleich nachdem die Teiche ausgehoben und vom nahe gelegenen Fluss mit Wasser gefüllt worden waren, pflanzte er die ersten Seerosen und Trauerweiden. Dabei verwendete er die neuesten Seerosenhybriden. Mit der Seerosenzüchtung hatte man erst etwa zehn Jahre zuvor begonnen, als subtropische amerikanische und chinesische Arten nach Europa kamen. Deren Blütenfarben wurden in die weiß blühenden, aber winterharten europäischen Seerosen *(Nymphaea alba* und *N. candida)* eingekreuzt.

Bald stellten sich Besucher ein, vor allem einflussreiche Kritiker und Förderer Monets sowie Politiker. In den zwanziger Jahren wurde der Garten fotografiert und erstmals in großen Fachzeitschriften vorgestellt. Monets Gestaltung des reich bepflanzten Wassergartens war ein markanter Punkt in der Geschichte des Gärtnerns, denn hier wurde das Wasser nicht als architektonischer Schwerpunkt genutzt, sondern als Lebensraum für Pflanzen. Monet bepflanzte die Ufer seiner Teiche mit Japanischen Schwertlilien, Pontederien, Farnen und Funkien. So schuf er eine Üppigkeit, die wir auch heute noch lieben.

Oben: Blauregen (Glyzine, *Wisteria*) klettert an seinem metallenen Halt auf der Brücke von Giverny. Die Brücke bildet einen Rahmen für den Blick zu dem Teich mit seinen Seerosen und der schönen Uferbepflanzung.

Küchen-
gärten

68 Einführung

70 Historische Pflanzenkombinationen

72 Traditionelle Pflanzenkombinationen

78 Pflanzenkombinationen verschiedener Gartendesigner

84 Eine berühmte Gartendesignerin: Rosemary Verey

Oben: Dieses wilde, aber ertragreiche Durcheinander aus Mangold, Kohl, Zierkohl und Weinreben besticht durch seine verschiedenen Grüntöne und liefert zugleich Köstlichkeiten für die Küche. Die Reben wachsen auf einem niedrigen Gerüst, das den Schnitt erleichtert und hungrige Vögel abhält. In seinem Schutz können die jungen Gemüsepflanzen gut wachsen.

Rechts: Junge Artischocken, Tagetes und Wirsingkohl bilden hübsche, gerade Reihen und erfreuen durch ihre silbernen, goldenen und blaugrünen Farbtöne. Tagetes wird nachgesagt, dass sie Blattläuse und andere schädliche Insekten fern halten, doch Versuche von Joy Larkcom zeigten, dass diese Wirkung kaum nachweisbar ist.

Küchen- und Kräutergärten hatten schon von alters her große Bedeutung, denn der Anbau von Nahrungspflanzen war eine Voraussetzung dafür, dass die Menschen sich dauerhaft an einem Ort niederlassen konnten. Auch heute sind Küchengärten wichtige Bereiche des Gartens. Zunehmender Beliebtheit erfreuen sich die dekorativen Nutzgärten (Potager), in denen man versucht, Küchengartenpflanzen wieder in den Ziergarten zu integrieren, der sich seit etwa 150 Jahren steigender Beliebtheit erfreut.

Die heutigen Küchengärten setzen also eine lange Tradition fort. Straff geplante Anlagen wurden meist in vier Teile untergliedert, um eine Fruchtfolge einhalten zu können. Eine derartige Aufteilung geht bis weit vor die ummauerten Küchengärten des 18. und 19. Jahrhunderts zurück. Sie kann über die von Hecken, Gräben oder Kanälen umschlossenen Küchengärten des 16. und 17. Jahrhunderts sowie die mittelalterlichen Klostergärten und die römischen Gärten sogar bis zu den ersten Gärten Mesopotamiens zurückverfolgt werden.

Heute sammelt man erneut verschiedene Obst- und Gemüsesorten. Man will die Pflanzen für zukünftige Generationen erhalten oder ihren Geschmack genießen, der den modernen, auf hohe Erträge gezüchteten Sorten oft fehlt. Das wachsende Sortiment macht auch verschiedene sehr dekorative Pflanzungen möglich wie die Neuanlage dekorativer Nutzgärten nach altem Vorbild oder aber die Gestaltung ganz moderner Gärten.

Immer mehr Gartenliebhaber entdecken, dass ein gepflegter Küchengarten, ob traditionell oder avantgardistisch, ebenso viel Freude bereitet wie jedes Rosenbeet. Zudem liefert er Köstlichkeiten, die man im Geschäft nicht kaufen kann. Alles, was man braucht, ist Einfallsreichtum: Jeder kann sich an solchen Pflanzenkombinationen erfreuen, auch wenn er nur einen Dachgarten oder einen Balkon besitzt, auf dem nur eine Weinrebe und einige Töpfe mit Radicchio, Kapuzinerkresse und Borretsch Platz finden.

Viele ahmen die mit Wein oder geschnittenen Apfelbäumen bewachsenen Lauben des 16. Jahrhunderts nach. Andere schneiden ihre Obstbäume wie im 19. Jahrhundert in exotische Formen. So entstehen hübsche vertikale Schwerpunkte.

Die Wege im Garten oder die Beete, in denen Salat und niedrige Gemüsearten angebaut werden, können mit Küchenkräutern wie beispielsweise Petersilie, aber auch mit Monatserdbeeren eingefasst werden. Auf diese Weise kann man im Küchengarten auch auffallende horizontale Akzente setzen.

Einführung | 69

Oben: Hinter dieser Pflanzung kann man einen Komposthaufen verstecken oder aber einen rustikalen Stuhl aufstellen. Weil sie nicht sehr ordentlich aussieht, passt sie am besten in einen frei gestalteten Garten.
Gegenüber: Viele Zierkohlsorten sind sehr hübsch, doch 'Cavalo Nero' ist einzigartig. Auch Ringelblumen werden in verschiedenen Sorten angeboten, abgebildet ist 'Art Shades'.

Historische Pflanzenkombinationen

Altägyptische Fresken zeigen von Dattelpalmen umsäumte Gärten, in denen Ibisse durch die Wasserläufe schreiten und Gemüse in Reihen wächst: Bindesalat, Kohlarten und Rettiche. Ausgrabungen in Pompeji und anderen römischen Städten lassen vermuten, dass man Salate damals in Reihen zog und von Weinreben und Zitronenbäumen beschatten ließ. Im Orient wurden Bambustriebe, Lotoswurzeln und Blütenblätter von Chrysanthemen auf Kunstwerken abgebildet. In Amerika finden sich auf Kunstwerken außer der Kartoffel nur wenige andere essbare Arten, die Aufschluss über damalige Pflanzenkombinationen geben könnten.

Kürbisse, Bohnen und Mais

Diese Kombination entstand vermutlich im vorkolumbischen Mittelamerika und trägt den volkstümlichen Namen »Die drei Schwestern«. Die drei Pflanzpartner profitieren voneinander: Der raschwüchsige Kürbis gibt Mais und Bohnen im Frühjahr Schutz; später binden die Bohnen Luftstickstoff, der ihren üppig wachsenden Nachbarn zugute kommt. Im Herbst heben sich die runden, goldenen Kürbisse sehr schön von den geraden Maishalmen ab. Es gibt verschiedene interessant aussehende Maissorten mit scharlach- oder mahagonifarbenen Körnern oder mehrfarbigen Kolben. Auch die Auswahl an Kürbissen ist sehr groß und reicht von den gestreiften und gerippten Moschuskürbissen bis zu Formen mit zimtbrauner Schale, grünen Warzen und leuchtend orangefarbenem Fleisch.

Ansprüche Alle drei Pflanzpartner werden im zeitigen Frühjahr unter Glas ausgesät. Mais und Bohnen sät man in viel größerer Zahl, weil die wüchsigen Kürbispflanzen sonst zu dominant werden. Wählen Sie einen sonnigen Standort mit nährstoffreichem Boden und gießen Sie Ihre Pflanzen reichlich.

Weitere Pflanzpartner Mit der Kapuzinerkresse *Tropaeolum majus* oder deren dunkelroter Sorte 'Empress of India' können Sie das Beet in süd- und mittelamerikanischem Stil gestalten.

Küchengärten

Zierkohl und Ringelblumen

Kohl und Ringelblumen (Calendula) sind alte Gartenpflanzen, die zusammen sehr hübsch aussehen. 'Cavolo Nero' ist ein ursprünglicher, nicht kopfbildender, in seinem Wuchsbild an Palmen erinnernder Kohl. Über den Ringelblumen sieht er besonders gut aus. Seine dunkelgrünen, an Wirsing erinnernden Blätter heben sich durch ihre Farbe und ihre Struktur deutlich von den goldenen Ringelblumenblüten ab.

Die Kombination war schon im Mittelalter bekannt, ist vermutlich aber noch viel älter. Sie eignet sich für Küchen- wie dekorative Nutzgärten und macht sich auch gut auf dem Esstisch: Der Kohl schmeckt gedünstet und mit einigen Blütenblättern der Ringelblume bestreut wirklich köstlich.

Im Beet sehen die Pflanzen bis weit in den Winter hinein gut aus. Sie bilden auch eine ungewöhnliche Randbepflanzung in Cottage-Gärten. Im Hintergrund kann man Apothekerrosen (Rosa gallica var. officinalis) wachsen lassen.

Ansprüche Der Kohl wird zum Frühjahr im Freiland in Vermehrungsbeete oder unter Glas in Töpfe gesät, die Sämlinge werden dann im Spätfrühling ausgepflanzt. Die Ringelblumen werden direkt an Ort und Stelle gesät. Beide Pflanzpartner benötigen sonnige Lagen mit nährstoffreichem, durchlässigem Boden. Der Kohl kann im Sommer geerntet werden.

Weitere Pflanzpartner Die dunklen Kohlblätter passen gut zu den tief eingeschnittenen, silbrigen Blättern von Artischocke (Cynara scolymus) und Cardy (C. cardunculus). Das Beet kann durch Reihen von weiß oder lila blühendem Schnittlauch, in milden Gebieten auch durch geschnittene Rosmarinhecken eingefasst werden.

Historische Pflanzenkombinationen

Traditionelle Pflanzenkombinationen

Der Anbau von Gemüse war bis ins 20. Jahrhundert ein wichtiger Bestandteil des Alltags vieler Menschen, und zahlreiche traditionelle Kombinationen sind auch heute noch verbreitet. Einige leiten sich von wirklichen oder vermeintlichen Standortansprüchen der Pflanzen ab, andere von den Vorstellungen über Mischkultur und der gegenseitigen Verträglichkeit der Pflanzen. Manche entstanden aber auch einfach deshalb, weil man die Pflanzen zusammen schön fand.

Bronzefarbener Fenchel und Taglilien

Bronzefarbener Fenchel *(Foeniculum vulgare* 'Purpureum') und die Taglilie *Hemerocallis fulva* sind eine wirklich prachtvolle Zusammenstellung. Die dunklen, filigranen Fenchelblätter bringen die schlichten, hellen Taglilienblüten vollendet zur Geltung. Die Taglilie blüht sehr lange, auch wenn – wie ihr Name andeutet – jede einzelne Blüte bereits nach einem Tag welkt. In ihrer Blütezeit erscheinen auch die flachen, grünlich gelben Blütenstände des Fenchels. Diese Taglilie kam im 16. Jahrhundert über China nach Europa und ist bei den Chinesen als »Blume des Vergessens« bekannt – die gekochten Blüten wurden verzehrt, um eine schmerzhafte Erinnerung vergessen zu lassen.

Ansprüche Beide Pflanzpartner sind robuste Stauden. Sie lieben fruchtbare, durchlässige Böden, gedeihen aber auch unter weniger guten Bedingungen. Die Bestände der Taglilie können nach einigen Jahren geteilt werden; der Fenchel versamt stark und versorgt Sie mit ausreichend Sämlingen für Ihren eigenen Bedarf.

Weitere Pflanzpartner Bronzefarbener Fenchel passt hervorragend zu rosa blühenden Rosen, insbesondere der köstlich duftenden Weinrose *(Rosa rubiginosa)* – diese Kombination ist auch im Herbst sehr schön, wenn die rostroten Hagebutten sich vom dunklen Fenchellaub abheben. Dazu kann man Sumpfwolfsmilch *(Euphorbia palustris)* und die rosa blühende Form des Wiesenkerbels *(Anthriscus sylvestris)* oder Süßdolde *(Myrrhis odorata)* pflanzen.

Lavendel und Thymian

Bei dieser wunderbar duftenden Kombination hebt sich der niedrige, violett blühende Thymian *(Thymus)* schön von den silbergrauen, aufrechten Lavendelbüschen *(Lavandula)* ab. Diese Kombination wirkt auf einer größeren Fläche ebenso gut wie auf einem kleinen Beet, das eine sonnige Sitzecke umgibt. Thymian gibt es in vielen Arten und Sorten. Einige bilden kleine Sträucher, andere bodendeckende Teppiche. Manche verströmen einen wunderbaren Duft, andere tragen gelbliche oder panaschierte Blätter. Lavendel ist nicht so variabel. Sehr hübsch ist rosa blühender Lavendel. In milden Gebieten gedeihen auch Lavendelarten wie die prächtige *Lavandula dentata*, die in Mitteleuropa nicht winterhart sind.

Ansprüche Beide Pflanzpartner benötigen sonnige, trockene, geschützte Lagen mit recht nährstoffarmem Boden. Thymian wächst auch in Pflasterritzen, gedeiht jedoch in Beeten am besten. Lavendel wird mit der Zeit sparrig. Daher sollte man jedes Jahr Stecklinge schneiden, um die alten Pflanzen durch junge ersetzen zu können.

Weitere Pflanzpartner Zu Thymian und Lavendel passen Gewürzpflanzen, die sich nicht zu stark ausbreiten, zum Beispiel Poleiminze *(Mentha pulegium)* und Steinquendel *(Calamintha grandiflora)*. Auch Nelken *(Dianthus)* wie die einjährige Sorte 'Loveliness' eignen sich sehr gut.

Lauch und Artischocken

Die riesigen, tief eingeschnittenen, silbergrünen Blätter der Artischocke *(Cynara scolymus)* und der nahe verwandten Cardy *(C. cardunculus)* passen gut zu Laucharten, die man zum Blühen gelangen lässt, etwa Schnittlauch *(Allium schoenoprasum)* oder Porree *(A. porrum)*. Lauch besitzt zart malvenfarbene, kugelige Blütenstände, die sehr gut zu den silbrigen Artischockenblättern passen und noch besser zur Geltung kommen, wenn die ersten Blütenstandsknospen der Artischocken erscheinen.

Für diese Pflanzen eignet sich ein etwa 4 m² großes Beet, in dessen Mitte man fünf oder sechs Artischockenpflanzen setzt. Um diese herum sät man einen breiten Streifen Schnittlauch (sehr viel mehr, als man in der Küche verwenden kann) und umsäumt diesen mit Jungfer im Grünen *(Nigella damascena)*, Roter Bete oder Rotstieligem Mangold. Neben solchen Beeten sieht eine von Bohnen bewachsene Laube mit einem rustikalen Stuhl sehr schön aus. Chinalauch kann den Schnittlauch ersetzen, doch keine andere Küchengartenpflanze besitzt Blätter, die denen von Artischocke oder Cardy vergleichbar sind.

Ansprüche Artischocken lassen sich aus Samen ziehen, die im zeitigen Frühjahr einzeln in Töpfe gesät werden. Man kann sie aber auch durch Seitentriebe ausgewachsener Pflanzen vermehren. Die Artischocken werden im Abstand von gut 1 m ausgepflanzt. Weil sie nicht sehr winterhart sind (Cardy ist härter), deckt man sie bei niedrigen Temperaturen mit Hauben oder einer Schicht Blätter ab. Schnittlauch wächst gut aus Samen und bildet Horste, die man durch Teilung vermehren kann. Lauch wird im Haus vorgezogen und später im Abstand von 30 bis 45 cm ausgepflanzt. Er wintert nur in sehr kalten Gebieten aus und bildet lange Zeit köstlich schmeckende Brutzwiebeln an der Erdoberfläche.

Weitere Pflanzpartner Nach der ersten Ernte der Blätter ist Cardy nicht sehr ansehnlich. Sein Anblick ist schöner, wenn man Römischen Ampfer *(Rumex scutatus)* unter ihm wachsen lässt, der nach einiger Zeit zahlreiche, dicht stehende Blätter bildet. Diese können ebenfalls geerntet werden, nachdem man die zerzausten Cardyblätter entfernt hat. Auch Walderdbeeren bilden eine hübsche, wohlschmeckende Ergänzung. In der Mitte größerer Beete sehen auch einige bernsteinfarben blühende Sonnenblumen oder eine große Rhabarberpflanze gut aus.

Vorherige Seite: Wenn die hier abgebildete Taglilie *Hemerocallis* 'Europa' nicht erhältlich ist, sieht 'Pink Damask' oder eine andere dunkelrosa blühende Form ebenso hübsch aus.
Gegenüber: Diese Kombination kann durch Lavendelhecken architektonisch gestaltet werden. Mit großen, einzeln stehenden Lavendelpflanzen, zum Beispiel 'Giant White', wirkt sie ungezwungen.
Oben links: Artischocken und blühender Porree ergänzen einander schön. Im alten Rom waren Artischocken so gefragt, dass man den Bedarf nicht selbst decken konnte und das Gemüse aus Nordafrika importieren musste. Kaiser Nero wird nachgesagt, dass er mehrmals im Monat Porree aß, »um seine Stimme zu reinigen«.
Unten links: Ein Bestand von Artischocken und Schnittlauch im Stil des 18. Jahrhunderts. Schnittlauch wurde möglicherweise in der freien Natur gesammelt, bevor er im 16. Jahrhundert zur Kulturpflanze wurde.

Kohl und Lauch

Die Kombination von Kohl mit verschiedenen Arten der Gattung *Allium* – zu der Porree und Zwiebel gehören – ist seit langer Zeit ein traditioneller Bestandteil des Küchengartens. Diese Zusammenstellung sieht vom Hochsommer bis zum Spätherbst schön aus: Im Hochsommer sind Zierkohl und Schnittlauch (*A. schoenoprasum*) mit großen Beständen der panaschierten Kapuzinerkresse 'Alaska' ein wunderschöner Anblick, im Spätherbst bilden die linealischen Blätter des Lauchs (*A. porrum*) einen hübschen Kontrast zu den breiten, stark geaderten Blättern einiger Kohlsorten wie etwa Grünkohl.

Diese Kombination eignet sich für einen architektonischen dekorativen Nutzgarten ebenso wie für einen frei gestalteten. Je nach Arten- und Sortenwahl passt sie in kleinere und in größere Gärten. Beide Pflanzpartner fallen nur sehr strengen Frösten zum Opfer und sehen auch zu Beginn des Winters dekorativ aus.

Vom Zierkohl steht ein großes Sortiment zur Verfugung. Sehr hübsch ist die Sorte 'Coral Queen', doch andere eignen sich besser für den Verzehr, etwa die auffällige 'Russian Red' oder der völlig frostharte Grünkohl mit gekrausten, blaugrünen Blättern, zu denen blaue Veilchen (mit ebenfalls essbaren Blüten) gut passen. Kohlsorten wie 'January King' (blaugrüne, violett überlaufene Blätter) ergänzen das Farbspektrum ebenfalls gut.

Oben: Essbarer Zierkohl mit kräftigem Geschmack zwischen Schnittlauch und einer panaschierten Kapuzinerkresse (wenn möglich, die Sorte 'Alaska').
Rechts: Die linealischen, blaugrünen Porreeblätter bilden einen schönen Kontrast zu Weißkohlblättern.
Gegenüber: Drei verschiedene Kohlsorten wachsen in parallelen Streifen. Farbtöne, Oberflächenstruktur und Aderung der Blätter sind unterschiedlich.

Wenn Sie die auf Seite 66/67 abgebildete bunte Pflanzung in Ihren eigenen Garten holen möchten, können Sie den rotblättrigen Rosenkohl 'Rubine' und einen Kohl aus der 'January King'-Gruppe pflanzen. Auch einige der alten Rotkohlsorten machen sich hier gut. Der abgebildete Lauch gehört zu einer der zahlreichen Sorten mit blaugrünen Blättern wie etwa 'Musselburgh', 'Blaugrüne Winter Alaska' oder auch 'Blaugrüne Winter Natan'.

Man kann die Farbgestaltung auch umkehren und einen rotblättrigen Lauch neben dunkelgrünen Wirsing oder Rosenkohl setzen. Unter den aus Europa stammenden Kohlsorten steht eine große Vielfalt zur Verfügung mit Sommer- und Winterformen sowie winterharten, kopfbildenden Pflanzen. Die Blattfarben können zwischen blassgrün und glänzend tiefgrün liegen, aber auch tiefgrüne Farbtöne mit violettem Hauch bis hin zu tiefroten Farben kommen vor. Die Blätter können glatt und wachsig oder auch zwischen den Adern gekräuselt sein, etwa beim Wirsing.

Ansprüche Schnittlauch, Frühlingszwiebeln und Schalotten wachsen nicht gut im Schatten, auch Kohl liebt sonnige Lagen mit nährstoffreichen Böden. Am besten zieht man Lauch und Kohl in einem Gewächshaus oder im Frühbeet vor. Wenn die Sämlinge ausgepflanzt, aber noch klein sind, kann man die umgebende Fläche für Pflanzen verwenden, die bereits wenig später erntereif sind, etwa für Spinat und Radieschen oder für eine Mischung aus Rotem Senf und Rauke (siehe Seite 83).

Man kann den Kohl aber auch vorziehen, indem man einige Samen an jede Stelle des Küchengartens sät, an der später eine ausgewachsene Pflanze stehen soll. Haben die Sämlinge dann einige Blätter gebildet, werden sie alle bis auf eine Pflanze pro Standort entfernt – die gejäteten Sämlinge schmecken köstlich! Wer Lauch und Kohl mit Kapuzinerkresse *(Tropaeolum majus)* kombinieren möchte, sollte diese im Spätfrühling an Ort und Stelle säen. Kapuzinerkresse ist wüchsig, und Sie brauchen nur etwa jeden halben Meter einige Samen auszulegen.

Weitere Pflanzpartner Die Höhe kann man mit einer Gruppe von Zuckermaispflanzen oder einem Dreifußgestell nutzen, an dem man Feuer- oder Stangenbohnen emporklettern lässt. Wer unterschiedlich große Blätter liebt, kann die Kombination um Kürbispflanzen herum anlegen, am besten eignen sich Sorten mit orangefarbenen oder grün gestreiften Früchten. Wenn der Schnittlauch überwachsen wird, können Sie ihn im folgenden Jahr durch Porree oder Winterzwiebeln ersetzen.

Pflanzenkombinationen verschiedener Gartendesigner

Viele Maler der Renaissance experimentierten mit Darstellungen von Obst und Gemüse, mit denen sie eigenartige Porträts schufen. Heute sind moderne Gartendesigner wie Joy Larkcom in England und Frederica Philip in Kanada bei der innovativen Verwendung von Obst und Gemüse führend. Sie nehmen Blumen hinzu und gestalten faszinierende neue Kombinationen. Immer mehr Gartenliebhaber interessieren sich für bei uns neue Nutzpflanzen und entdecken, dass man einen Küchengarten ohne viel Mühe ebenso farbenfroh gestalten kann wie einen Blumengarten.

Fenchel und Sonnenblumen

Fenchel und Sonnenblumen sind schöne, hoch wachsende Gartenpflanzen. Sonnenblumen *(Helianthus annuus)* liefern essbare Früchte. Ihre großen, herzförmigen Blätter und die warm bernsteinfarbenen Blütenstände heben sich gut von den filigranen grünen Blättern und den grünlich gelben Blütendolden des Fenchels *(Foeniculum vulgare)* ab. Diese gelungene Kombination eignet sich für Blumengärten ebenso wie für Cottage- und sonnige Stadtgärten.

Ansprüche Beide Pflanzpartner benötigen sonnige Lagen mit nährstoffreichem, recht frischem Boden. Fenchel lässt sich leicht aus Samen anziehen, blüht im ersten oder zweiten Jahr und ist in mildem Klima mehrjährig. Der Abstand zwischen den Pflanzen sollte mindestens 1 m betragen. Sonnenblumen sind einjährig und werden am besten im zeitigen Frühjahr einzeln in kleinen Töpfen vorgezogen. Mehrtriebige Sorten wie 'Velvet Queen' bringen mehrere Blütenstände hervor.

Weitere Pflanzpartner Im Küchengarten kommt diese Kombination gut neben Kürbis-, Zierkürbis- oder Cardyblättern zur Geltung. Im Blumengarten kann man sie mit einem Meer zitronengelb blühender Kapuzinerkresse umgeben.

Links: Fenchel und Sonnenblumen sind sehr wüchsig und sollten nicht neben schwachwüchsigen Pflanzen stehen. Hier wurde grüner Fenchel mit den warmen, bernsteinfarbenen Blüten der Sonnenblume 'Velvet Queen' kombiniert. Man kann aber auch purpurblättrigen Fenchel neben die Sonnenblumen 'Prado Red' oder 'Holiday' pflanzen, ebenso neben die Körner liefernde Sonnenblume 'Autumn Beauty'.
Folgende Doppelseite: Eine üppige, ertragreiche Pflanzung, in der Artischocken, Spargel, Feuerbohnen und Zuckermais mit tief bronzefarbenen Sonnenblumen, hübsch scharlachrot blühenden Taglilien, Wolfsmilch und Hundskamille kombiniert wurden.

Rechts: Hier klettern die Waldrebe *Clematis* 'The President' und eine violetthülsige Erbse an einem Nadelbaum empor. Sie würden aber auch an einer alten, rosa blühenden Kletter- oder Buschrose, etwa 'Ville de Bruxelles' oder 'The Garland', oder an einer weißen Rose wie 'Iceberg' oder 'Mme Plantier' schön aussehen.

Gegenüber: Die tief eingeschnittenen Blätter der Rauke ertragen leichte Fröste und sind ein köstlicher Bestandteil von Wintersalaten. Der rote Senf ist ebenfalls frosthart, schmeckt manchmal aber sehr scharf.

Violette Erbsen und Waldreben

Diese originelle Kombination besteht aus zwei sehr unterschiedlichen Pflanzpartnern: einer violett blühenden Waldrebe (*Clematis* 'The President') und der alten violetthülsigen Erbse, einer Sorte von *Pisum sativum*, die bis zu 3 m hoch wird. Diese Pflanzen bilden ein faszinierendes Gewirr, wenn man sie an einem Nadelbaum emporwachsen lässt. Optimale Standorte sind sonnige Zäune, Rosenbögen und Türrahmen.

Ansprüche Die violetthülsige Erbse wird im Frühjahr im Haus oder unter Glas einzeln in Töpfe gesät. Die Hülsen sollten regelmäßig geerntet werden, damit sie nicht ausreifen und verhindert wird, dass weitere Hülsen nachwachsen. In diesem Fall sähe die Kombination nur kurze Zeit hübsch aus. *Clematis* 'The President' sollte im Spätwinter 90 cm über dem Erdboden abgeschnitten werden, damit sie im folgenden Jahr reich blüht. Beide Pflanzpartner lieben nährstoffreiche Böden und benötigen viel Wasser.

Weitere Pflanzpartner Um Rottöne hinzuzufügen, kann man bernsteinfarben und rot blühende, leicht zu haltende Schönranke (*Eccremocarpus scaber*) oder dunkelrot blühende Kapfuchsie (*Phygelius aequalis*) pflanzen. Als besonderen Blickfang kann man die Pflanzpartner über ein Exemplar des karminrot blühenden Laternenbaums (*Crinodendron hookerianum*) wachsen lassen, eines wunderschönen Strauchs, der aber frostfrei überwintert werden muss.

Weitere Sorten mit auffälligen Hülsen finden sich unter den Stangenbohnen. Hier gibt es solche mit Violett- sowie einige in Gelb- und Elfenbeintönen. Manche Sorten haben grün und rot gefleckte Hülsen. 'Blue Peter' ist eine gute violetthülsige Sorte, die neben *Clematis* 'Hagley Hybrid' besonders hübsch aussieht. Die gelbhülsige 'Kentucky Wonder Wax' passt am besten zu einer gefüllten, weiß blühenden Waldrebe.

Rauke und Senf

Diese Pflanzenkombination der Salatexpertin Joy Larkcom besticht durch besonders schöne Blätter. Der breitblättrige Rote Senf 'Red Giant' kontrastiert gut mit der Rauke, einem ebenfalls aus dem Osten stammenden Kreuzblütler mit grünen, wunderhübsch eingeschnittenen Blättern. Joy Larkcom lässt die Rauke 'Mizuna Early' dicht neben dem Senf wachsen, so dass man beide Pflanzpartner wie Schnittsalat beernten kann. Beide bilden eine hervorragende Zwischenfrucht für langsamwüchsige Pflanzen, zum Beispiel Rote Bete: Die »Salat«-Blätter können geerntet werden, lange bevor die größere Pflanze erntereif ist. Beide Pflanzpartner verleihen den Beeten im dekorativen Nutzgarten frühzeitig Farbe, bevor stärker Struktur gebende Pflanzen das Bild bestimmen.

Ansprüche Da man die Pflanzen nicht zur Blüte gelangen lässt, kann man sie die ganze Vegetationsperiode ab dem zeitigen Frühjahr im Abstand von einigen Wochen kleinflächig aussäen. Die Samen werden dünn auf fein geharkten Boden gestreut, dann angedrückt und der Boden ab jetzt ständig feucht gehalten. Beide Pflanzpartner lieben leicht schattige Lagen mit recht nährstoffreichem, feuchtem Boden. Sie eignen sich selbst für winzige Küchengärten und gedeihen auch in großen Töpfen oder Kübeln. Sind die Blätter einige Zentimeter lang, kann man ernten, so viel man braucht. Die meisten Senfsorten sind gut winterhart und eignen sich am besten für kühle Lagen, denn bei hohen Temperaturen beginnen sie leicht zu schossen. Wenn man im Sommer noch einmal sät, kann man den ganzen Winter über ernten. Unter dem Schutz von Hauben bleiben die Blätter ansehnlich. Für kühle Gebiete eignet sich die besonders winterharte, hellgrüne Sorte 'Green-in-the-Snow'. Man kann aber auch krausblättrige Formen verwenden, die zwischen rotblättrigen Salatsorten und Radicchio sehr hübsch aussehen.

Weitere Pflanzpartner Senf- und Raukenblätter schmecken recht scharf. Deshalb richtet man sie am besten mit Salat wie etwa rot- und grünblättrigem Eichblattsalat an und mildert so ihre Schärfe. Verstreut im Beet wachsende Borretschpflanzen verschönern das Bild, und ihre blauen Blütenblätter sehen in Salaten hübsch aus. Einige Pflanzen der dunkelrot blühenden Kapuzinerkresse 'Indian Queen', deren Blüten und Blätter essbar sind, passen ebenfalls gut zu dieser Kombination. Zwischen Reihen von rotstieligem Mangold und Rotkohl kommen solche Zusammenstellungen besonders gut zur Geltung.

EINE BERÜHMTE GARTENDESIGNERIN:
Rosemary Verey

Rechts: In diesem rechteckigen, von jungen Salatpflanzen gesäumten Beet sehen rotblättrige Salate und Bindesalat sehr hübsch aus. Die jungen Porreepflanzen werden im Winter erntereif sein. Empfehlenswerte Salate sind die Sorten 'Red Salad Bowl', 'Lobjoits Green Cos' und 'Goya'.

Gegenüber unten: Die Kombinationen am Tunnel von Barnsley House wechseln jedes Jahr. Meist gehört eine kletternde Kürbissorte dazu. Hier wurde sie mit dunkel karminroten Zuckererbsen kombiniert, unter denen zahlreiche einjährige Sonnenhutpflanzen wachsen.

84 | Küchengärten

Wenn man einen Potager als Ort betrachtet, an dem Obst- und Gemüseanbau zu einer Kunst werden, ist der von ROSEMARY VEREY und ihrem Mann angelegte Garten von Barnsley House ein Meisterwerk. Die berühmte Gärtnerin und Designerin, zu deren Auftraggebern Prinz Charles und Elton John gehören, erbte 1951 das aus dem 17. Jahrhundert stammende Haus bei Cirencester im englischen Gloucestershire. Damals wusste sie über das Gärtnern nicht sehr viel, entdeckte dann aber ihre Leidenschaft dafür. Mit scharfem und kritischem Blick entwarf sie eine streng architektonische Anlage, die stark an solche aus dem 17. Jahrhundert erinnert, und füllte die Beete mit üppigen, faszinierenden Pflanzenkombinationen.

Der Potager war zuvor ein altmodischer Gemüsegarten gewesen, doch seit Beginn der achtziger Jahre ist er dank Rosemary Vereys Pflege zu einem der berühmtesten Teile des Gartens geworden. Er misst zwar kaum mehr als 400 m², wurde jedoch außerordentlich stilvoll geplant und gestaltet. Niedrige Buchsbaumhecken und Reihen kugeliger Formschnittgehölze säumen die Wege. Für die Grundstruktur sorgen geschnittene Rosenhochstämme. Sie bilden einen Tunnel, in dem im Sommer Kürbisse und Bohnen und darunter Sonnenhut oder Ringelblumen gezogen werden. Daneben liegt die von goldblättrigem Hopfen bewachsene Laube. Die jungen Triebe des Hopfens können im Frühjahr geerntet und wie wilder Spargel zubereitet werden.

Obstbäume und einige Beerensträucher, vor allem Stachelbeeren, werden in Rosemary Vereys Garten in fantasievolle Formen geschnitten. Die Hauptattraktion des Küchengartens ist jedoch zweifellos die originelle Gestaltung mit Gemüsepflanzen. Hier werden die optischen Vorzüge der Pflanzen wunderbar betont. Rosemary Verey pflanzt zwischen niedrige, runde Salate Lauch mit schmalen, aufstrebenden Blättern. Ihre kreativen Kombinationen verraten unerschöpflichen Einfallsreichtum und eine kaum zu überbietende Fähigkeit, mit den Beschränkungen umgehen zu können, die sich auf kleinem Raum ergeben.

Oben: Mit Buchsbaum eingefasste Beete im Garten von Barnsley House. Hier gedeihen Kohl, Kartoffeln und Bohnen. In Reihen gesäter Schlafmohn sorgt für prächtige Farben. Die Laube im Hintergrund ist mit goldblättrigem Hopfen bewachsen.

Wildblumen-wiesen

88 Einführung

90 Historische Pflanzenkombinationen

92 Traditionelle Pflanzenkombinationen

96 Pflanzenkombinationen verschiedener Gartendesigner

104 Ein berühmter Gartendesigner: Christopher Lloyd

Oben: Hier kommen Wildblumen vor einer alten, gelb blühenden Strauchrose sehr schön zur Geltung. Wildblumensamen wird zunehmend im Handel angeboten. Wenn möglich, versuchen Sie jedoch, in einer Samenhandlung oder einem Gartenbetrieb vor Ort Samen oder junge Pflanzen zu bekommen, die von Pflanzen aus Ihrer Umgebung stammen.

Rechts: Neben alten Mauern und Toren sorgen Kornblumen und Mohn für ein romantisches Bild. Wenn Sie Wildblumen aus Ihrer Region säen, ist gewährleistet, dass die Pflanzen sich für Ihren Garten eignen. Sie sind dann besonders pflegeleicht und etablieren sich gut.

In den Gärten des Mittelalters fanden sich Blumenwiesen mit verschiedenen Grasland- oder Wiesenpflanzen. Hier wuchsen unter anderem Duftveilchen *(Viola odorata)*, Thymian *(Thymus spec.)*, Walderdbeeren *(Fragaria vesca)* und zahlreiche verschiedene Gräser. Diese Wiesen sollten auf die Natur jenseits der Gartenmauern hinweisen, die zu der Zeit noch als wild und gefährlich galt, und zugleich Orte sein, an denen sich ein Einhorn zum Grasen eingeladen fühlen würde.

Heute hat fast jedes zufällig in den Garten gelangte Wildtier etwas von der mythischen Attraktion des Einhorns. Wir sehen die Natur als weniger bedrohlich an, vielmehr möchten Gartenliebhaber durch Wildblumenwiesen ein Stück der zunehmend bedrohten Wildnis nachempfinden. Dazu nutzen sie einheimische Wiesenblumen ebenso wie solche aus anderen Teilen der Welt.

Wildblumen passen in fast jeden Garten und sehen nicht nur in eigens angelegten Wildblumenwiesen gut aus. Viele sind sehr attraktiv und pflegeleicht. Natürlich kommt es aber in jedem Fall darauf an, für die klimatischen Bedingungen und die Bodenverhältnisse in Ihrem Garten die geeigneten Arten auszuwählen. Soll der Stil Ihres Gartens nicht ganz auf Wildblumen ausgerichtet werden, sollte man diese auf die Randzonen des Gartens, zumindest aber auf die Randbereiche der bewirtschafteten Flächen beschränken. Wenn Ihr Garten groß genug ist, können Sie jedoch problemlos größere Flächen mit Wildpflanzen gestalten und diese bis an die Hausmauern wachsen lassen, unter Obstbäumen zum Beispiel gedeihen viele Waldblumen. Wer genug Platz für verschiedene Bäume hat, sollte bevorzugt einheimische Laubbäume, also beispielsweise Ebereschen, Linden, Ahorne und Vogelkirschen und Obstbäume aus der Region verwenden, denn sie fügen sich am besten in das Landschaftsbild ein und passen auch in die Gärten von Vor- und Innenstädten.

Aber auch fremdländische Wildblumen machen sich in fast jedem Garten gut, und sie wurden und werden von berühmten Gartengestaltern oft verwendet. William Robinson (siehe Einleitung des Buches) bepflanzte seine Wildgärten in England gerne mit solchen Blumen, die überwiegend aus Amerika stammten. Andererseits sind beispielsweise die in Mittel- und Westeuropa vorkommenden Wildblumen – man denke hier nur an Glockenblumen, Mohn, Primeln, Schwertlilien oder Veilchen – ebenso wie die Nordamerikas so vielfältig und schön, dass man jeweils ausschließlich mit einheimischen Pflanzen wunderbare, faszinierende Gärten gestalten kann.

Einführung

Historische Pflanzenkombinationen

Früher spielten Wildblumen im Leben der Menschen eine viel größere Rolle als heute. Sie wurden bei vorgeschichtlichen Begräbniszeremonien verwendet, und in einem um 1000 v. Chr. von einem babylonischen König verfassten Verzeichnis der Gemüsearten, Obstpflanzen und Kräuter in seinem Garten wurde auch die Verwendung in Medizin und Magie, bei Ritualen sowie in der Küche dokumentiert. Die römischen Kaiser kultivierten neben heimischen auch Pflanzen aus anderen Gebieten, von Kirschen aus Anatolien bis hin zu Datteln.

In den meisten mittelalterlichen Kräutergärten wuchsen viele Pflanzen der lokalen Flora, aber auch einige aus anderen Klimazonen oder aus früheren Gärten. In mittelalterlichen Blumengärten wurden ebenfalls zahlreiche Wildpflanzen kultiviert. In vielen Gebetsbüchern und anderen Schriften jener Zeit finden sich kunstvolle Darstellungen von einheimischen Wildpflanzen. Einige dieser Zeichnungen zeigen auch Varianten der Wildblumen, zum Beispiel gefüllte Gänseblümchen oder Gartennelken. Solche Raritäten wurden üblicherweise gesondert kultiviert.

Veilchen und Glockenblumen

Eine sehr alte Kombination, die zusammen mit Gartenreseda (*Reseda odorata*) in manchen bebilderten Schriften dargestellt ist. Sie passt in einen mittelalterlichen Knotengarten ebenso wie in eine viktorianische Rabatte. Beide Pflanzpartner mögen keine Beschattung durch Nachbarpflanzen. Am besten lässt man sie um eine Sitzecke oder auf einem sonnigen, teilweise grasbewachsenen Hochbeet wachsen.

Von beiden Pflanzpartnern steht ein großes Sortiment zur Verfügung. Hübsch sind das Hornveilchen (*V. cornuta*) und seine Formen oder das schwarz blühende einjährige Veilchen 'Bowles Black'. Schöne Glockenblumen sind zum Beispiel die große, sich stark ausbreitende Ackerglockenblume (*C. rapunculoides*) und die Rapunzelglockenblume (*C. rapunculus*), die sehr gut in den Küchengarten passt und früher wegen ihrer essbaren Wurzeln kultiviert wurde.

Ansprüche Beide Pflanzpartner lieben feuchte, aber durchlässige Böden und wachsen sowohl in der Sonne als auch im lichten Schatten. Veilchen sind kurzlebig, lassen sich aber gut aus Samen anziehen und säen sich im Garten selbst aus. Glockenblumen sind robuste, pflegeleichte Stauden.

Weitere Pflanzpartner Ein hübscher Pflanzpartner ist die Gartenreseda *(Reseda odorata,* siehe Foto rechts). Diese aus Libyen stammende Pflanze wurde früher im Mittelmeergebiet kultiviert und ist in Mitteleuropa erst seit dem 18. Jahrhundert stärker verbreitet. Ihre grünlich gelben Blütenstände bilden einen schönen Kontrast zum zarten Blau der Glockenblumen und den leuchtenden Farben der Veilchen. Farbenprächtigere Reseden duften leider nicht so gut. Die Gartenreseda ist einjährig und muss jedes Jahr neu gesät werden. Im Herbst sollte man einige Pflanzen ins Haus holen. Dort blühen sie auf einer sonnigen Fensterbank bis weit in den Winter hinein und verströmen ihren angenehmen Duft. Statt Reseda können Sie auch Walderdbeeren *(Fragaria vesca)* und Duftveilchen *(Viola odorata)* kultivieren und Ihre eigene kleine »Mini-Wildblumenwiese« anlegen. Im Küchengarten lassen sich Veilchen und Glockenblumen gut mit Thymian und kleinen Oreganosorten kombinieren.

Gegenüber: Verschiedene Veilchenarten harmonieren wunderbar mit weißen Marienglockenblumen *(Campanula medium* 'Calycanthema') und der Sterndolde *(Astrantia minor).*

Links: Die Pfirsichblättrige Glockenblume *(Campanula persicifolia)* ist eine gute Rabattenpflanze, die schon seit dem 16. Jahrhundert in Gärten kultiviert wird. Sie passt hervorragend zu Veilchen und Alten Rosen wie dieser 'Old Blush China'. Rechts wächst *Parahebe perfoliata,* eine 1834 aus Australien eingeführte Art.

Oben: Das wilde Stiefmütterchen *Viola tricolor* neben Rundblättriger Glockenblume *(Campanula rotundifolia)* und Gartenreseda *(Reseda odorata).*

Traditionelle Pflanzenkombinationen

Zu Beginn der Renaissance erwachte in Europa das Interesse auch an den Pflanzen der europäischen Flora, die nicht zu den Heilpflanzen gehörten. In diese ereignisreiche Zeit fallen die Entdeckung und Eroberung Amerikas sowie die Ausweitung des Handels mit dem Osten. Im Zuge dieser Entwicklungen wurden viele, bislang unbekannte fremdländische Pflanzen in die europäischen Gärten gebracht.

Zu dieser Zeit entstanden verschiedene traditionelle Pflanzenkombinationen, auf die im 18. und zu Beginn des 19. Jahrhunderts weitere folgten. Viele stammen wohl aus einem bestimmten Garten oder wurden von einem bestimmten Gartenliebhaber erschaffen, doch haben wir meist nur wenige Informationen über ihre Herkunft.

Vergissmeinnicht und Scheinmohn

Klassische Pflanzenkombinationen bestehen nicht immer aus seltenen oder besonders anspruchsvollen Pflanzen. Der wüchsige, zitronengelbe europäische Scheinmohn (Meconopsis cambrica) blüht im Spätfrühling und Sommer lange Zeit neben Vergissmeinnicht (Myosotis-Kreuzungen) mit winzigen, himmelblauen Blüten. Diese Kombination entstand vermutlich im 19. Jahrhundert.

Besonders hübsch ist sie unter Obstbäumen neben spät blühenden Tulpen und unter Rosenbüschen. In meinem Garten wächst sie zwischen Sorten der Bibernellrose (Rosa pimpinellifolia).

Ansprüche Beide Pflanzpartner gedeihen im Halbschatten, lieben fruchtbare Böden und mäßig viel Feuchtigkeit und säen sich selbst aus. Den Scheinmohn muss man zuweilen durch Ausgraben im Zaum halten. Im Spätsommer entfernt man die abgeblühten Triebe. Vergissmeinnicht ist zweijährig, man sollte seine abgeblühten Triebe nicht abschneiden, damit sie Samen ausstreuen können.

Weitere Pflanzpartner Dazu passen Wurmfarn (Dryopteris filix-mas) und Pflanzen mit linealischen Blättern wie die Sumpfschwertlilie (Iris pseudacorus) oder die Sibirische Schwertlilie (I. sibirica) – am besten eine indigoblau blühende Sorte.

Fingerhut und Kornblumen

Einfache Kombinationen sind oft sehr wirkungsvoll: Die gefleckten purpurfarbenen Blütenkerzen des Fingerhuts (Digitalis) heben sich gut von den leuchtend blauvioletten, distelartigen Blütenköpfen der Kornblume (Centaurea cyanus) ab. Diese im 18. Jahrhundert beliebte Zusammenstellung passt ausgezeichnet in eine Wildblumenwiese, einen kleinen Wildgarten oder eine Rabatte im Cottage-Garten.

Ansprüche Beide Pflanzpartner lieben sonnige Lagen, der Fingerhut erträgt aber auch tiefen Schatten. Beide gedeihen am besten in feuchten, aber durchlässigen Böden. Als zweijährige Staude blüht der Fingerhut erst im zweiten Jahr. Die Kornblume ist einjährig und muss jedes Jahr neu gesät werden. Wenn man die Kombination in einer Wiese halten möchte, sollte man den Fingerhut zuvor in Töpfen anziehen. Für die Kornblume sticht man ungefähr einen halben Quadratmeter Grasnarbe aus und sät die Samen in den offenen Boden. Achten Sie darauf, dass Ihre jungen Kornblumen nicht überwachsen werden, bis sie kurz vor der Blüte stehen!

Weitere Pflanzpartner Gute Pflanzpartner sind die Kornrade (Agrostemma githago) und hell blühender Shirleymohn. Auch die bogig überhängenden, silbrigen Blätter des Riesenfedergrases (Stipa gigantea), die bläulich purpurroten Blütenstände des Blutweiderichs (Lythrum salicaria) und einige Spornblumen (Centranthus ruber) sind hierzu sehr hübsch.

Veilchen und Hundszahn

Hundszahn (Erythronium revolutum) und Zweiblütiges Veilchen (Viola biflora) bilden eine hübsche Wildpflanzenkombination aus Amerika. Die elegant zurückgeschlagenen Blütenblätter des Hundszahns passen gut zu den Blüten des Veilchens. Schon William Robinson liebte solche Pflanzungen. Auch die Blätter der Pflanzpartner kontrastieren sehr schön in Größe, Form und Farbe. In Europa heimisch sind der ebenso hübsche Hundszahn E. dens-canis, das Duftveilchen (V. odorata) und das Gewöhnliche Stiefmütterchen (V. tricolor) mit seinen dreifarbigen Blüten.

Diese Kombination eignet sich sehr gut für Waldgärten, den Rand einer Strauchrosenrabatte, unter Haselsträuchern oder in einem kleinen Stadtgarten unter blühenden Kirsch- oder Pfirsichbäumen.

Ansprüche Hundszahn ist eine Zwiebelpflanze, die gut anwächst und sich häufig selbst aussät. Das Veilchen lässt sich problemlos aus Samen anziehen. Beide Pflanzen lieben schattige Lagen mit nährstoffreichem Boden, dem reichlich Lauberde zugesetzt wurde.

Weitere Pflanzpartner Eine schöne Ergänzung sind Schaumkraut (Cardamine), vor allem die zart cremefarben blühende Art C. enneaphyllos, und die gefüllte Form der Blutwurz (Sanguinaria canadensis) mit strahlend weißen Blüten und blaugrauen Blättern. Man kann diese Pflanzen gut unter Päonien wachsen lassen, ich verwende die blassgelbe Paeonia mlokosewitschii.

Vorherige Seite: Zitronengelber europäischer Scheinmohn (Meconopsis cambrica) und himmelblaues Vergissmeinnicht bilden wunderschöne Teppiche in winzigen Stadtgärten oder Höfen.
Gegenüber: Fingerhut kommt zunehmend in Mode, und die Züchter haben Sorten wie 'Suttons's Apricot' oder die rein weiße Form auf den Markt gebracht. Wer eine mehrjährige Kornblume vorzieht, kann Centaurea dealbata (malvenfarbenviolett) oder die hübsche blassgelbe C. ruthenica wählen.
Links: Vom Hundszahn (Erythronium) gibt es viele Arten und Sorten für den Garten. Abgebildet ist E. revolutum, doch auch die gelb blühende E. 'Pagoda' ist hübsch. Statt Viola biflora eignet sich auch V. sororia, deren Form 'Freckles' in zwei Violetttönen blüht.

Traditionelle Pflanzenkombinationen

Pflanzenkombinationen verschiedener Gartendesigner

Nach 1800 gelangten sehr viele amerikanische Pflanzen in europäische Gärten und wurden fast die wichtigsten Bestandteile der Staudenrabatten. Auch in Gehölzsammlungen herrschten nun amerikanische Arten vor. Europas Gartenfreunde nahmen die Neuankömmlinge begeistert auf, besonders als einheimische Züchter prächtige Gartenformen dieser Pflanzen auf den Markt brachten.

William Robinson (siehe Einleitung des Buches) war der Ansicht, dass viele dieser neuen Pflanzen hervorragend in seinen »Wildgarten« passten. Hier kombinierte er Wildblumen auf naturnahe Weise, statt sie in die ihm so verhassten architektonischen Beete oder Rabatten zu setzen. In seinem Wildgarten waren auch Arten aus Nordamerika ebenso willkommen wie aus China und Afghanistan. Für Robinson war es nicht so wichtig, ob die Pflanzen aus der Umgebung stammten, obwohl er Kontakt zu Anhängern der »Arts-and-Crafts«-Bewegung hatte, die sich mit »typisch englischen« Häusern, Einrichtungen und Lebensstilen befassten.

Seit Robinsons Zeit begann man, auf stimmige Kombinationen Wert zu legen – alte Gartenpflanzen in den Gärten alter Häuser, Pflanzen aus der Umgebung für die typischen Gärten der Gegend. Heute kann man in Großbritannien Wildblumensamen oder daraus angezogene Pflanzen im Handel beziehen, die aus den Wiesen und Wäldern der unmittelbaren Umgebung stammen.

In den letzten zehn Jahren sind ausgesäte oder gepflanzte Wildblumen zu einem beliebten und wichtigen Bestandteil vieler Gärten geworden. Dies gilt besonders für Gebiete mit reicher einheimischer Flora wie Nordamerika, aber auch Europa. Viele der heutigen Gartendesigner, von Christopher Lloyd bis zu Piet Oudolf, setzen Wildpflanzen für gestalterische Zwecke ganz bewusst ein, um neue Zusammenstellungen zu schaffen.

Seien Sie bei der Wahl Ihrer Pflanzen nicht zu dogmatisch. Folgen Sie dem Beispiel von William Robinson und vielen anderen europäischen Gartendesignern und verwenden Sie ruhig schöne amerikanische Pflanzen wie beispielsweise Roter Sonnenhut *(Echinacea purpurea)* oder die Lupine *Lupinus polyphyllus*. Schließlich machen Experimente Freude und sind stets spannende Zeiten in der Geschichte des Gärtnerns.

Rechts: Das gelb blühende Gemeine Leinkraut *(Linaria vulgaris)* sieht im Garten sehr schön aus. Wer eine ausgefallenere Pflanze vorzieht, sollte *L. dalmatica* wählen, deren Blüten ähnlich aussehen, die aber fein geteilte blaugrüne Blätter besitzt und gut zu weißen Spornblumen passt. *Gegenüber:* Die Farben sind prachtvoll, doch Leinkraut und Spornblume besitzen kräftige Wurzeln, mit denen sie die Steine, zwischen denen sie wachsen, allmählich auseinander drücken. Lassen Sie die Pflanzen nicht auf wertvollem Mauerwerk wachsen! Dies gilt vor allem für die Spornblumen, deren Samen mit Hilfe ihres Flugapparats problemlos auch in höher gelegene Spalten und Ritzen gelangen, wo sie dann keimen.

Leinkraut und
Spornblume

Die Kombination aus scharlachrot blühender Spornblume *(Centranthus ruber)* und Leinkraut *(Linaria purpurea)* wurde durch William Robinson bekannt, der damit die Stufen und Balustraden von Gravetye im englischen Kent bepflanzte. Sie eignet sich besonders für eine Sitzecke oder den Fuß einer Mauer, wo nur wenige andere Pflanzen gedeihen, passt aber auch in offene Beete. Die Spornblume duftet sehr gut, und das Leinkraut lockt Bienen an.

Sogar die Nachkommen einer einzigen Spornblume blühen oft in verschiedenen Farben von tief ziegel- bis scharlachrot über rosa bis hin zu weiß. Meist werden weiße Spornblumen bevorzugt. Von *Linaria purpurea* werden die rosa 'Canon Went' und die lavendelblaue 'Yuppie Surprise' angeboten. Lohnend sind auch die Hybridsorten, besonders 'Fairy Bouquet'. Leinkräuter säen sich selbst aus und schmücken mit der Zeit Pflasterritzen und Kiesflächen. *L. dalmatica, L. vulgaris* und einige andere Arten sind mehrjährig und breiten sich manchmal zu stark aus.

Ansprüche Spornblume und Leinkraut lieben sonnige Standorte und gedeihen auch in trockenen, unfruchtbaren Böden, wenn ihre Pfahlwurzeln feuchtere, nährstoffreichere Bodenschichten erreichen können. Beide versamen leicht, so dass man bald zahlreiche Pflanzen hat, mit denen man experimentieren kann.

Weitere Pflanzpartner Gute Begleitpflanzen sind die Binsenlilie *Sisyrinchium striatum* mit graugrünen Blättern und cremefarbenen Blüten sowie Polsternelken und die wunderbar duftende *Dianthus* 'Loveliness'.

Lein und Storchschnabel

Diese Kombination stammt von dem Gartendesigner Urs Walser in Hermannshof in Weinheim/Bergstraße. Die himmelblauen Blüten des Leins *(Linum perenne)* harmonieren mit den karminroten Blüten des Blutstorchschnabels *(Geranium sanguineum)*. Auch die schmalen, blaugrünen Blätter des Leins und die auffällig geaderten, fein geteilten Blätter des Storchschnabels sehen zusammen sehr schön aus.

Ansprüche Beide Pflanzpartner sind mehrjährig. Der Lein lässt sich gut aus Samen anziehen, den Storchschnabel kauft man besser als vorgezogene Pflanze. Beide sind winterhart, lieben nährstoffreiche Böden und freien Stand.

Weitere Pflanzpartner Das Bild links zeigt Lein und Storchschnabel mit Paradieslilie *(Paradisea liliastrum)*, deren weiße Blüten die Kombination ergänzen. Man kann diese Bepflanzung auf Fingerhut und Kornblumen (Seite 95) folgen lassen und einige erst im Spätsommer blühende Sträucher hinzupflanzen, etwa die Hortensie *Hydrangea aspera* oder *H. serrata* 'Preziosa'.

Storchschnabel und Salbei

Manche Gartenfreunde finden, dass kirschrote Blüten nicht in den Garten passen. Die Blüten des Storchschnabels *Geranium psilostemon* sehen neben den zarten Farben des Muskatellersalbeis *Salvia sclarea* var. *turkestanica*, einer Varietät des bekannten Muskatellersalbeis mit sehr großen Tragblättern, jedoch wunderschön aus. Storchschnabel und Muskatellersalbei waren bereits im ausgehenden 19. Jahrhundert beliebt. Die großen Salbeiblätter heben sich überdies schön von den tief eingeschnittenen Blättern des Storchschnabels ab. Es gibt noch viele andere schöne Salbeiarten, etwa *Salvia involucrata* mit leuchtend kirschroten Tragblättern.

Ansprüche Muskatellersalbei ist zweijährig, selten auch mehrjährig. Beide Pflanzpartner eignen sich auch für halbschattige Lagen und nährstoffarmen Boden. Der Salbei verlangt durchlässigen Boden und vor allem im Winter guten Wasserabzug.

Weitere Pflanzpartner Auf dem Foto links wurden die Pflanzpartner mit der hellrosa blühenden Moschusmalve *(Malva moschata)* kombiniert. Der blaue Hauch auf den großen Tragblättern des Salbeis kann durch blau blühende Glockenblumen wie die Pfirsichblättrige Glockenblume *(Campanula persicifolia)* betont werden.

Gegenüber oben: Lein und Storchschnabel sind wunderbare Wiesenpflanzen und eignen sich auch als Unterwuchs lichter Gehölzbestände. *Gegenüber unten:* Diese Kombination macht sich gut als Saum eines Weges im Cottage-Garten, unter Pflaumen- oder Pfirsichbäumen oder neben rosa blühenden Rosen mit lockerem Wuchs. *Links:* Die kräftigen Farben von *Fremontodendron* und Säckelblume kommen in hellem Sonnenlicht sehr gut zur Geltung.

Säckelblumen und Fremontodendren

Diese beiden kalifornischen Pflanzen wurden in den zwanziger Jahren unseres Jahrhunderts wegen ihrer hübschen Farben gern miteinander kombiniert und sind in wintermilden Gebieten Europas und Amerikas zu einem Klassiker geworden. Das Silberblau der Säckelblumenblüten passt gut zum leuchtenden Gelb der Blüten von *Fremontodendron*, und die Farben sind dezenter als die der in kälteren Gebieten verbreiteten Zusammenstellung von Flieder und Goldregen.

Säckelblumen *(Ceanothus)* und *Fremontodendron* eignen sich hervorragend für sonnige Stadtgärten, sehen aber auch an Sommerhäusern neben pflegeleichten einjährigen Pflanzen wunderschön aus. Aus der kleinen Gattung *Fremontodendron* ist nur die Art *F. californicum* in Kultur, außerdem die Hybride 'California Glory' mit etwas größeren Blüten als die Art. Dagegen gibt es unter den Säckelblumen Hunderte von Sorten, deren Blütenfarbe von kräftig rosa bis tief veilchenblau reicht.

Ansprüche Beide Pflanzpartner brauchen viel Sonne und nährstoffarmen Boden. *Ceanothus* benötigt guten Winterschutz, die härteste Sorte ist wohl die blassblau blühende 'Gloire de Versailles', auch 'Henry de Défossé' (dunkelblau) ist recht robust. *Fremontodendron* ist in Mitteleuropa nicht winterhart und muss frostfrei überwintert werden. Bei einem eventuellen Rückschnitt dieses Strauchs muss man darauf achten, die Flaumhaare an den Trieben nicht einzuatmen oder in die Augen zu bekommen, denn sie können Reizungen hervorrufen. Beide Pflanzpartner sind eher kurzlebig, durch Stecklinge aber leicht zu vermehren.

Weitere Pflanzpartner Für Kontrast sorgt eine Waldrebe mit großen weißen Blüten, die man durch die Pflanzpartner wachsen lässt. Besonders schön sind Waldreben mit silbrigen Blüten, die sich später im Jahr öffnen, etwa die Mandel-Waldrebe (*Clematis flammula*) mit Büscheln weißer, duftender Blüten oder *C.* x *jouiniana*. Aber auch Rosen passen sehr gut, und am schönsten ist es, Säckelblumen und Fremontodendren an einer sonnigen Mauer neben Banksrosen (*Rosa banksiae*) und Jasmin zu kultivieren.

Spornblumen und Berufkraut

Spornblume *(Centranthus ruber)* und Berufkraut *(Erigeron)* sehen besonders schön aus, wenn sie eine Treppe säumen, was man zum Beispiel in Park Farm im englischen Essex bewundern kann. *E. karvinskianus (E. mucronatus)*, 1836 aus Mexiko eingeführt, wurde einige Jahre später Bestandteil vieler Wildgärten und ist heute eine der beliebtesten Arten der Gattung. Die Art ist im Südwesten Großbritanniens, auf den Kanalinseln und in Südeuropa mancherorts verwildert.

Die Pflanzen besiedeln Terrassen und nicht versiegelte Fugen zwischen Steinplatten, aber auch gekieste Einfahrten und Höfe, wo sie die vielfach nüchterne Atmosphäre auflockern. An solchen Standorten wachsen sie viel besser als im Blumenbeet.

Für den Garten sind verschiedene *Erigeron* interessant, zum Beispiel *E. philadelphicus* (1778 aus Nordamerika eingeführt, wächst gut zwischen Steinen). Diese Pflanze wird höher als *E. karvinskianus* und trägt Büschel hellerer, rosafarbener, gänseblümchenartiger Blütenstände. Die kräftig veilchenblauen Blütenstände von *E. macranthus* sorgen für einen dramatischen Anblick. Diese Art stammt aus den Rocky Mountains und wurde 1841 nach Europa eingeführt. Viele beliebte Berufkräuter sind Sorten des nordamerikanischen *E. speciosus*. Hierzu gehören 'Superbus' (1889) sowie 'Quakeress' und 'White Quakeress' (neunziger Jahre des 19. Jahrhunderts).

Ansprüche Beide Pflanzpartner lieben sonnige Lagen. *Erigeron karvinskianus* ist in Mitteleuropa kaum winterhart. Es lässt sich aber leicht aus Samen und Stecklingen heranziehen, und man kann problemlos einige Pflanzen im Topf frostfrei überwintern. In wärmeren Gebieten breitet es sich oft stark aus. Es wächst gut an Stützmauern und in Steingärten, kann sich in festem Mauerwerk aber meist nicht ansiedeln. Im Unterschied zur tief wurzelnden Spornblume lässt es sich leicht herausreißen, wenn es am falschen Platz wächst. Die Eigenschaften der Spornblume wurden auf Seite 97 vorgestellt.

Weitere Pflanzpartner Auf Mauern wächst auch das zierliche Zimbelkraut *(Cymbalaria muralis)* mit efeuartigen Blättern. Besonders hübsch ist die rein weiß blühende Form. Für Stufen eignet sich Gamander *(Teucrium)*, von *T. fruticans* existieren verschiedene Formen mit schön wellig gerandeten Blättern. Wenn sich unter den Stufen feuchter Boden befindet, bilden die gelbgrünen Blütenstände des Frauenmantels *Alchemilla mollis* einen wunderschönen Hintergrund für Spornblume und Berufkraut.

Kaukasusvergissmeinnicht und Riesenbärenklau

Diese Pflanzenkombination passt am besten in große Wildgärten, in denen aber keine Kinder spielen dürfen, denn der Riesenbärenklau *(Heracleum mantegazzianum)* ist keine ungefährliche Pflanze! Er besitzt aber imposante, dekorative, riesige Blütendolden und interessante Samenstände. Gartendesigner haben den Riesenbärenklau früher gern verwendet. Er wurde zuerst von William Robinson empfohlen, und auch Gertrude Jekyll bewunderte ihn. Man kann diesen zweijährigen Riesen in ein Meer des ausdauernden Kaukasusvergissmeinnichts *(Brunnera macrophylla)* pflanzen, das ebenfalls dekorative Blätter besitzt und vom zeitigen Frühjahr bis zum Frühsommer hohe Rispen blauer Blüten trägt. *B. macrophylla* 'Langtrees' ist eine besonders schöne Sorte des Kaukasusvergissmeinnichts, deren Blätter hübsch silbrig gepunktet sind.

Ansprüche Beide Arten eignen sich für schattige Orte, benötigen aber viel Feuchtigkeit und nährstoffreiche Böden. Der im Riesenbärenklau enthaltene Saft ruft auf der Haut und in den Augen nur langsam heilende Entzündungen hervor! Waschen Sie den Saft daher sofort und gründlich ab, wenn Sie damit in Berührung gekommen sind. Wird die bespritzte Haut hellem Licht ausgesetzt, verschlimmern sich die Wirkungen, und es können schwere Verbrennungen entstehen! Der Riesenbärenklau versamt sehr stark und kann nach kurzer Zeit große Flächen einnehmen. Die Samen bleiben im Boden jahrelang keimfähig. Am besten schneidet man deshalb die Fruchtstände vor der Samenreife ab (dabei undurchlässige Handschuhe tragen!). Benutzen Sie zur Bekämpfung unerwünschter Sämlinge niemals Mäher oder Motorsense, denn dann würde der hautreizende Saft herumspritzen. Das Kaukasusvergissmeinnicht kann im Frühjahr leicht geteilt werden. In meinem Garten versamt es stark, bleibt aber stets mehr oder weniger sortenrein.

Weitere Pflanzpartner Neben Riesenbärenklau und *Brunnera* sieht die panaschierte Form des Rohrglanzgrases *(Phalaris arundinacea)* hübsch aus. Auch Goldnessel *(Lamium galeobdolon)* und andere Schatten liebende Pflanzen eignen sich gut. Wer den Riesenbärenklau wegen seiner Giftigkeit und Ausbreitungsfreudigkeit lieber nicht verwenden möchte, kann auf die ebenfalls eindrucksvolle, über 2 m hoch werdende Engelwurz *(Angelica archangelica)* ausweichen.

Gegenüber: Erigeron karvinskianus blüht lange Zeit und versamt in milden Gebieten stark. Hier wurde die Treppe frei gehalten. Die Spornblume blüht den ganzen Sommer und kann ein- oder zweimal zurückgeschnitten werden, um die Blühfreudigkeit zu fördern.
Links: Nur wenige Gartenpflanzen sind so eindrucksvoll wie der Riesenbärenklau. Beim Umgang mit der Pflanze muss man jedoch vorsichtig sein, denn sie enthält einen stark hautreizenden Saft, der schwere Verbrennungen hervorrufen kann!

Süßgräser und Seggen

Oben rechts: Hier wächst das riesige Chinaschilf *Miscanthus floridulus* hinter streifenförmig gepflanztem Reitgras (*Calamagrostis* x *acutiflora* 'Karl Foerster') und dem Federborstengras *Pennisetum villosum* mit seinen schlanken Blütenständen. Der Wasserdost *Eupatorium purpureum* sorgt mit seinen dunkelvioletten Blüten für Kontraste.

In den letzten Jahren erwachte das Interesse an den dekorativen Eigenschaften von Süßgräsern, Seggen und verwandten Pflanzen neu. Viele der neu entstandenen Pflanzenkombinationen sind schon beinahe »Klassiker«. In Rabatten verwendet man verschiedene Gräser jedoch schon seit dem 17. Jahrhundert, und Ende des 19. Jahrhunderts war vor allem das Pampasgras beliebt. Doch erst moderne Gartendesigner wie der überwiegend in Europa arbeitende Piet Oudolf und die in Amerika tätigen Wolfgang Oehme und James van Sweden nutzen das Potential der Gräser voll aus.

Die riesige Zahl im Handel erhältlicher Gräserarten wurde früher kaum gewürdigt, weil Gräser nicht auffällig bunt blühen. Ihre Blütenstände sehen jedoch bei unterschiedlichem Lichteinfall sehr eindrucksvoll aus. Zudem sorgen die Gräser für eine hübsche Struktur und für Bewegung in der Bepflanzung, Vorzüge, die in der modernen Gartengestaltung zunehmend geschätzt werden.

Gräser erinnern uns an große Wiesen, Felder und Prärien. Sie verleihen dem Garten eine weichere, naturnähere Atmosphäre. Ihre eleganten Blätter passen gut zum breiteren Laub der Blumen und Farne. Ihre dezenten Farben werden vor allem von amerikanischen und englischen Gartendesignern wie George Hargreaves und Dan Pearson geschätzt, die die blassen Farben der Gräser in ihren Pflanzenkombinationen geschickt einsetzen.

Beete, in denen nur Süßgräser und Seggen wachsen, sehen am schönsten aus, wenn die Blätter oder Blütenstände der Pflanzpartner miteinander kontrastieren und die Pflanzen so zahlreich sind, dass die feinen Unterschiede zwischen ihnen gut zur Geltung kommen. Am besten eignen sich solche Bestände für große Flächen. Man kann mit ihnen moderne Gebäude sehr gut umgeben, vor allem solche mit großen, glatten, in neutralen Farben gehaltenen Fassaden. Wolfgang Oehme, James van Sweden und andere Gartenarchitekten lassen Gräser – vor allem Federborstengräser, Reitgras und Chinaschilf – in breiten Streifen wachsen, welche die Wellenform der Landschaft oder die Linie einer Gewässerkante nachzeichnen. Es ist eine Kunst, Pflanzen so miteinander zu kombinieren, dass keine mehr Aufmerksamkeit hervorruft als die andere. Wer Gräser genauer kennen lernen will, sollte sich die Sammlung eines botanischen Gartens ansehen.

Zu den Süßgräsern zählt auch der Bambus. Darunter finden sich

Pflanzen aller Größen, nützliche Bodendecker ebenso wie stark Struktur gebende Arten. In sehr moderner Umgebung und in geschützten Höfen bildet kleiner und mittelgroßer Bambus oft einen hervorragenden Kontrast zu den Gebäuden. Der breitblättrige Zwergbambus *Sasa veitchii* sieht neben einer einfarbigen Mauer besonders schön aus, unter ihm kann man Immergrün *(Vinca minor)*, Farne und Moose wachsen lassen. Prächtig ist auch der Schwarze Bambus *(Phyllostachys nigra)* mit dunklen Halmen zusammen mit dem Kaukasusvergissmeinnicht *Brunnera macrophylla* 'Langtrees'. Viele Süßgräser und Seggen sehen im zeitigen Frühjahr besonders hübsch aus und bilden im Sommer einen schönen Hintergrund im Blumenbeet. Am dekorativsten sind sie jedoch im Herbst.

Ansprüche Süßgräser und Seggen wachsen an ganz unterschiedlichen Standorten, in trockenen Steppen ebenso wie an feuchten Ufern. Die meisten kultivierten Arten gedeihen in normalem, durchschnittlich feuchtem Gartenboden. Viele Bambusarten wachsen am besten im Schutz von Gebäuden oder Gehölzen. Informieren Sie sich vor dem Kauf genau, ob die Pflanzen in Ihrer Gegend winterhart sind.

Süßgräser- und Seggenbestände brauchen regelmäßige Pflege, damit sie nicht ineinander wachsen. Das gilt besonders für kriechende Arten. Sie können jedoch zwischen starkwüchsige, beschattende Sträucher gepflanzt werden, wo sie weniger kräftig wachsen.

Die starke Ausbreitungstendenz der Gräser unterscheidet diese Pflanzungen von den Wiesen, einem anderen Bestandteil der modernen Gartengestaltung. Wiesen sind pflegeleicht, und ihre Pflanzen ertragen im Jahr mehrmaligen Schnitt. Dagegen eignet sich keine der oben beschriebenen Arten für einen häufigen Schnitt.

Weitere Pflanzpartner Süßgräser und Seggen lassen sich gut mit Stauden kombinieren, denn ihre linealischen Blätter sorgen für Kontraste zu deren Laub. Einige der zahllosen Kombinationsmöglichkeiten: das Chinaschilf *Miscanthus sinensis* mit Ligularien, das Riesenfedergras *Stipa gigantea* mit dem Sonnenhut *Rudbeckia* 'Herbstsonne', das Federborstengras *Pennisetum villosum* mit dem Felberich *Lysimachia atropurpurea*, Bambushirse *(Panicum clandestinum)* mit Bergenien unter malvenfarben blühenden Rosen wie 'Roseraie de l'Haÿ' oder die Segge *Carex elata* 'Aurea' und *Rodgersia aesculifolia* neben einem Teich. Achten Sie auf gleiche Standortansprüche der Pflanzpartner und kombinieren Sie entweder Wasser liebende Arten oder Arten, die trockene, offene Standorte benötigen.

Mitte links: Im Spätsommer harmonieren die Rispen des Reitgrases *Calamagrostis* x *acutiflora* 'Karl Foerster' gut mit dem Roten Sonnenhut *Echinacea purpurea* 'Magnus' oder der grünlich elfenbeinfarbenen Sorte 'White Swan'.
Unten links: Die Segge *Carex muskingumensis* 'Oehme' hebt sich mit ihren kastanienbraunen Fruchtständen gut von dem Igelkolben *Sparganium erectum* ab. Im Hintergrund sind zahlreiche Fruchtstände von Gräsern zu sehen. Der Igelkolben gedeiht und blüht nur in feuchten Böden.

EIN BERÜHMTER GARTENDESIGNER:
Christopher Lloyd

Rechts: Nordamerikanische Prärielilien *(Camassia)*, die sich in Wiesen gut etablieren, Zierlauch und Narzissen wachsen im Garten von Great Dixter unter einer jungen Eiche. Diese hübsche Kombination sähe auch unter Obstbäumen gut aus.
Gegenüber oben: Wilde Orchideen und Wiesenbocksbart *(Tragopogon pratensis)* sehen im Gegenlicht besonders schön aus. Das Gefleckte Knabenkraut *(Dactylorhiza maculata)* und verschiedene andere Orchideen können heute in Spezialbetrieben angezogen werden und stammen nicht mehr aus Wildbeständen.

104 | Wildblumenwiesen

CHRISTOPHER LLOYD (Jahrgang 1921) wuchs in Great Dixter im englischen Sussex auf. Seine Familie bewohnte ein Holzhaus, das zu großen Teilen aus dem 15. Jahrhundert stammte und einen wunderschönen Garten besaß, den seine Eltern angelegt hatten. 1929 machte man den Garten der Öffentlichkeit zugänglich. Der Garten und seine Pflanzen faszinierten Christopher Lloyd schon als Kind, und seine Eltern förderten dieses Interesse sehr. So studierte er Gartenbau und schloss sein Studium 1950 ab. Nachdem er anschließend einige Zeit Vorlesungen gehalten hatte, kehrte er nach Great Dixter zurück, um den Garten zu pflegen und eine spezialisierte Pflanzenhandlung zu eröffnen.

Christopher Lloyd ist Autor verschiedener Gartenbücher und schreibt für die einflussreiche britische Gartenzeitschrift COUNTRY LIFE. Er verfügt über ein umfangreiches Wissen und ausgeprägte Vorlieben und Abneigungen. Sein Werk wurde und wird viel bewundert. Lloyds ganz eigener Zugang zu Pflanzen kommt in den Kombinationen zum Ausdruck, die er im Garten von Great Dixter anlegt. Hier findet sich *Rosa glauca* neben der Hortensie *Hydrangea macrophylla* 'Générale Comtesse de Vibraye', darunter wachsen die Prachtspiere *Astilbe taquetii* und eine Schwarznessel *(Perilla)* mit tiefvioletten Blättern.

Die zauberhafte Wiese mit Schachbrettblumen *(Fritillaria meleagris)*, Schlüsselblumen *(Primula veris)* und wilden Orchideen hat vielen Besuchern das gärtnerische Potential der europäischen Flora vor Augen geführt. Auch andere Bereiche des Gartens von Great Dixter sind wunderschön (zum Beispiel der »versunkene Garten«), doch die Wiese hat bei den meisten Gartenliebhabern sicherlich den nachhaltigsten Eindruck hinterlassen.

Christopher Lloyd ist mit vielen Gartenliebhabern befreundet, doch berät er andere Gartenbesitzer nur selten und Great Dixter ist sein Hauptwerk. Das Beispiel dieses Gartens zeigt deutlich, dass eine einzige, sehr durchdacht gestaltete Fläche auf der ganzen Welt großen Einfluss ausüben kann.

Links: Bocksbart *(Tragopogon pratensis)* und Wiesenmargeriten *(Leucanthemum vulgare)* verleihen dieser Wiese ihre Farbenpracht. Der gemähte Weg ist so breit, dass man ihn auch an Regentagen gut benutzen kann, wenn nasse Blätter überhängen.

Cottage-Gärten

108 Einführung

110 Historische Pflanzenkombinationen

112 Traditionelle Pflanzenkombinationen

118 Pflanzenkombinationen verschiedener Gartendesigner

128 Eine berühmte Gartendesignerin: Margery Fish

Oben: Im Cottage-Garten ist romantische Üppigkeit gefragt. Diese im Spätsommer blühende Kombination aus Königskerzen, Montbretien und Inkalilien wirkt sehr großzügig. Die dicke Mauer lässt eher an ein großes Landhaus als ein kleines »Cottage« denken.

Rechts: Dieses farbenfrohe Beet bezaubert durch seine schöne Farbpalette aus malvenfarbenem Phlox und *Erigeron*, blaugrüner Jungfer im Grünen (*Nigella damascena*), leuchtend blauem Salbei, Rosen und Glockenblumen. Das Gelb sorgt für Kontrast. Solche Farbmischungen sind auch auf kleinen Flächen problemlos möglich.

108 | Cottage-Gärten

Die Zeit der Cottage-Gärten gilt oft als goldenes Alter der Gartengeschichte, das aber keinen Bezug zur heutigen Gartengestaltung mehr besitzt. Dies trifft jedoch nicht zu, denn aus dem Cottage-Garten stammen viele schöne Pflanzenkombinationen, die auch heute gern verwendet werden.

In den meisten Ländern wie zum Beispiel Italien, Frankreich oder den Niederlanden haben die Gärten einen typischen Stil, der sich auch auf kleinem Raum verwirklichen lässt. Kaum jemand wünscht sich die großen englischen Landschaftsgärten zurück, die in der Mitte des 18. Jahrhunderts verbreitet waren – und wer hat schon genug Platz, um solche Gärten anzulegen? Stattdessen sind Cottage-Gärten im Stil des 19. Jahrhunderts beliebt – vor allem die verschiedenen Rabatten, in denen zum Beispiel Goldlack und Tulpen wachsen (Seite 113–115). Aus einer noch früheren Zeit stammen die alten Bauerngärten mit ihren so typischen Ringelblumen, Kapuzinerkresse und Akelei.

In Amerika mit seiner erstaunlichen kulturellen Vielfalt ist es sicher etwas mühsamer, historische Gärten anzulegen, doch die vor kurzem erfolgte Gründung der American Cottage Garden Society spiegelt das große Interesse an Cottage-Gärten wider. Im ausgehenden 19. Jahrhundert waren diese alten Gärten in Amerika sehr beliebt, und man bedauerte, dass so viele von ihnen im Zug der immer stärkeren Industrialisierung verloren gingen.

In zahlreichen europäischen Ländern wie beispielsweise in Frankreich, den Niederlanden und in Deutschland, aber zunehmend auch in Nordamerika findet man heute zahlreiche Cottage-Gärten. Ihre große Vielseitigkeit hängt mit der schier unendlichen Zahl möglicher Pflanzenkombinationen zusammen, von denen in diesem Kapitel einige besonders attraktive vorgestellt werden. Sie sehen schon für sich allein sehr schön aus, und wenn man sie mit Wildblumen kombiniert, entsteht ein Bild, das auch zu ganz modernen Häusern passt. Im Küchengarten verschönern sie aber ebenso einen alten Schuppen ungemein.

Im typischen Cottage-Garten wachsen die Pflanzen nicht planmäßig nebeneinander. Damit der Garten nicht zu ordentlich wirkt, werden nur wenige Pflanzen angebunden. Die Selbstaussaat von Pflanzen ist ausdrücklich erwünscht, und vielleicht finden sich unter den Sämlingen auch solche mit neuen, interessanten Eigenschaften, die das Spektrum der zur Verfügung stehenden Pflanzen bereichern. Bedenken Sie jedoch bereits bei der Planung, ob in Ihrem Cottage-Garten Kinder spielen werden und ob Sie Haustiere halten wollen!

Historische Pflanzenkombinationen

Über die ersten Cottage-Gärten wissen wir nicht viel. Aus der Zeit vor der Renaissance existieren nur indirekte Hinweise auf Cottage-Gärten, und auch nach 1550 (in der Spätrenaissance) wird nur in wenigen Pflanzenbüchern von John Gerard und John Parkinson auf sie hingewiesen. Im Unterschied zu modernen Cottage-Gärten, in denen der Schwerpunkt auf Farbkombinationen liegt, wurden die Pflanzen sehr wahrscheinlich einzeln gehalten, und man achtete darauf, dass zwei ähnliche Arten nicht nebeneinander wuchsen. Dieses System wurde bis weit ins 18. Jahrhundert beibehalten und überlebte bis ins 19. Jahrhundert hinein.

Nachtviole und Akelei

Diese beiden alten Gartenpflanzen bilden eine wunderhübsche Kombination: Das weiche Erdbeerrot einer filigranen, roten Sorte von *Aquilegia vulgaris* macht sich sehr gut neben dem leicht violett überhauchten Weiß der duftenden Nachtviole (*Hesperis matronalis*). Die Kombination stammt wohl aus dem Spätmittelalter. Sie passt ausgezeichnet unter Büschen alter Rosen, ebenso an einem Tor, am Fuß einer alten Mauer oder als Saum der Wege im Obstgarten.

Ansprüche Beide Pflanzpartner gedeihen an leicht schattigen Orten mit mäßig fruchtbarem Boden, bevorzugen jedoch sonnige Lagen. Die Nachtviole ist zweijährig: Sie blüht im zweiten Jahr und stirbt dann ab. Sie ist aber leicht aus Samen anzuziehen und sät sich an zusagenden Standorten im Garten selbst aus. Manche Gartenbesitzer binden ihre Blütenstände an, was bei dieser Kombination jedoch unnötig ist, denn ihre Schönheit ist auch durch den lockeren Wuchs bedingt. Die Akelei ist mehrjährig und versamt im Garten ebenfalls stark.

Weitere Pflanzpartner Sehr hübsche Ergänzungen sind Pfirsichblättrige Glockenblumen (*Campanula persicifolia*), Sibirische Schwertlilien (*Iris sibirica*), mehrjährige Flockenblumen (*Centaurea dealbata*) und einige hoch wachsende Stockrosen (*Alcea rosea*).

Gegenüber: Nachtviolen *(Hesperis matronalis)* gibt es auch mit hell malvenfarbenen Blüten, die sehr gut zu Akelei passen – vor allem zu den zahlreichen Akeleisorten mit unterschiedlichen Blautönen.

Links: Hier wächst Türkischer Mohn *(Papaver orientale)* zusammen mit einer Form der Pfirsichblättrigen Glockenblume *(Campanula persicifolia)*, deren Blüten einen schwach blassblauen Saum zeigen. Wenn Sie ursprünglich blaue und weiße, ungefüllte Formen versamen lassen, werden Sie unter den Sämlingen bald solche finden, die ebenso elegant wie die abgebildeten Pflanzen aussehen. Auch gefüllte Formen werden sich finden, die ebenfalls sehr lohnend sind. Alle diese Glockenblumen sind pflegeleicht und wurden bereits im 17. Jahrhundert in Cottage-Gärten kultiviert.

Mohn und Glockenblumen

Die blauen, bei einigen Sorten weißen Blüten der Pfirsichblättrigen Glockenblume *(Campanula persicifolia)* bilden einen schönen, kühl wirkenden Kontrast zu den leuchtenden Farben des Türkischen Mohns *(Papaver orientale)*. Beide Pflanzpartner sind alte Gartenpflanzen. Der Mohn wurde um 1550 aus Konstantinopel eingeführt, und die Kombination entstand vermutlich Anfang des 17. Jahrhunderts.

Besonders dekorativ sind Mohn und Glockenblume an alten Ziegelsteinmauern, wobei das Rot des Mohns vor dem der Ziegel keineswegs verblasst. Man kann die Pflanzen aber auch gut an einen alten Holzzaun setzen. Wer will, kann auch ganz andere Farben wählen und die neuen weiß oder rosa blühenden Mohnsorten verwenden, die zum Teil sogar gefüllt blühen. 'Sultana' und 'Turkish Delight' tragen erdbeerrote, 'Cedric Morris' graurosa Blüten. Diese drei Sorten passen gut zu Gräsern und dunkelroten Rosen. Das Sortiment der Glockenblume umfasst ebenfalls gefüllte Formen. Auch doppelkronige Glockenblumensorten, bei denen eine Blüte aus der anderen herauszuwachsen scheint, werden angeboten.

Ansprüche Beide Pflanzpartner sind mehrjährig und winterhart, lieben nährstoffreiche Böden und eignen sich auch für schattige Lagen. Die Glockenblume sät sich selbst aus und bildet langsam größer werdende Horste. Einige Formen des Türkischen Mohns besitzen kriechende Rhizome, doch die meisten bilden dichte Horste, aus denen man im zeitigen Frühjahr Wurzelschnittlinge gewinnen kann. Türkischer Mohn lässt sich leicht aus Samen anziehen.

Weitere Pflanzpartner Die Schwertlilie *Iris* 'Florentina', die blaue *Iris germanica*, Eberraute *(Artemisia abrotanum)* und Lavendel sorgen für passende, kühle Silber- und Blautöne.

Traditionelle Pflanzenkombinationen

Oben: Kosmeen und Ringelblumen können gut auf die Frühlingskombination aus Tulpen und Goldlack folgen, denn beide Zusammenstellungen haben die gleichen Standortansprüche.
Gegenüber sowie folgende Doppelseite: Die traditionelle Kombination aus Tulpen und Goldlack eignet sich nicht nur für Beete, sondern auch für große Kübel oder große quadratische Töpfe, die auf einem Hof oder einer Terrasse stehen. Weil Goldlack und einige Tulpen stark duften, sollte man sie dort pflanzen, wo man an einem warmen Frühlingsmorgen neben ihnen sitzen kann.

Der traditionelle Cottage-Garten entstand Ende des 18. Jahrhunderts, als viele Landbesitzer für sich oder ihre Pächter hübsche Häuschen bauten, die die Landschaft verschönern sollten. Beispiele hierfür finden sich in fast ganz Europa. Diese malerischen Häuschen waren von passenden Gärten umgeben, in denen Rosen und Lavendel wuchsen und über denen Tauben ihre Kreise zogen. Solche Gärten waren also keine bäuerlichen Nutzgärten mit Gemüse und Kleinvieh.

Kosmeen und Ringelblumen

Die Ringelblume *(Calendula officinalis)* ist eine uralte Gartenpflanze, während die mittelamerikanische Kosmee *(Cosmos)* erst Mitte des 19. Jahrhunderts in die Gärten gelangte. Wie so viele andere einjährige amerikanische Pflanzen wurde sie beliebt, weil sie in den von Frühjahrsblühern geräumten Beeten rasch zur Blüte gelangte. Reiche Gartenbesitzer zogen Pelargonien (Geranien, *Pelargonium*) vor, die im Gewächshaus überwintert wurden. Weniger wohlhabende Leute mussten mit rasch wachsenden Einjährigen vorlieb nehmen und hatten sicher viel mehr Freude daran.

Eine besonders schöne Kosmee ist *Cosmos atrosanguineus* mit tief schokoladenbraunen bis veilchenfarbenen Blüten, die stark nach Schokolade duften. Diese Pflanze liebt offene Lagen in warmen Gärten und passt gut zu *Calendula* 'Art Shades'.

Ansprüche Ringelblumen und Kosmeen lieben nährstoffreiche, feuchte Böden und sonnige Lagen. Beide Pflanzpartner werden im Freiland an Ort und Stelle ausgesät. Man verteilt die Samen mit der Hand, harkt sie etwas ein und klopft den Boden ein wenig fest. Man kann aber auch mit einer Pflanzschaufel flache Rillen ziehen und die Samen dünn hineinsäen. Die Sämlinge werden so vereinzelt, so dass nur eine Pflanze auf 20 bis 30 cm verbleibt.

Weitere Pflanzpartner Hell zitronengelbe Ringelblumensorten, niedrige Sonnenblumen *(Helianthus annuus)* oder Zinnien lassen die Blütenfarben zarter wirken.

Tulpen und Goldlack

Tulpen *(Tulipa)* und Goldlack *(Erysimum cheiri*; syn. *Cheiranthus cheiri)* wachsen so häufig in städtischen Parks, dass man leicht übersieht, wie die Kombination ihrer Farben und Formen den Spätfrühling verschönert.

Tulpen gelangten im 16. Jahrhundert aus Konstantinopel erstmals nach Europa, der Goldlack wurde bereits viel früher kultiviert. Die Kombination entstand im 19. Jahrhundert und ist seit etwa 1830 beliebt. Man verwendete sie gern zur Verschönerung kleiner Vorgärten, meist in einem Beet, das man aus dem Rasen gestochen hatte. Die Wirkung der Kombination hängt maßgeblich davon ab, dass man Goldlackpflanzen oder -sorten findet, die in einer einzigen Farbe blühen, denn eine Farbmischung sieht nicht ansprechend aus. Tulpen werden meist nach Sorten getrennt verkauft. Weil es Hunderte von Tulpensorten und einige Dutzend unterschiedlich gefärbte Goldlacke gibt, ist die Zahl der möglichen Farbkombinationen immens. Einige ausdauernde Goldlacke bilden niedrige, im Frühjahr und Sommer blühende Büsche. Zu bronzefarbenen oder tiefroten Tulpen passt auch geschnittener Schöterich *Erysimum* 'Bowles' Mauve' sehr gut, mit gefüllten weißen Tulpen harmoniert wunderbar der helle *E.* 'Moonlight'.

Ansprüche Beide Pflanzpartner lieben sonnige oder leicht schattige Lagen mit gutem Boden. Goldlack blüht erst im zweiten Jahr. Er stirbt zwar nach der Blüte nicht gleich ab, wird aber meist nach der Tulpenblüte entfernt. So wird die Kombination recht arbeitsintensiv, denn der Goldlack muss im vorausgehenden Sommer gesät und anschließend im Anzuchtbeet angezogen werden. Gepflanzt wird im Herbst gemeinsam mit den Tulpenzwiebeln.

Die verblühten Tulpen können an einer anderen Stelle des Gartens eingeschlagen werden, bis ihre Blätter im Hochsommer vollständig abgestorben sind. Dann nimmt man die Zwiebeln aus dem Boden, lässt sie trocknen und lagert sie trocken bis zum Herbst. Große Zwiebeln werden erneut ins Beet gepflanzt, kleinere an andere Standorte, wo sie bis zum folgenden Jahr wachsen können.

Weitere Pflanzpartner Ein traditioneller Begleiter ist Vergissmeinnicht *(Myosotis)*, das für einen duftigen blauen Schleier zwischen den Pflanzpartnern sorgt. Ähnliche Effekte lassen sich mit Horsten des ebenfalls blau blühenden Gedenkemeins *(Omphalodes cappadocica)* erzielen.

Traditionelle Pflanzenkombinationen

Gegenüber oben: Schafgarbe und Salbei sehen neben einem Weg hübsch aus. *Gegenüber unten:* Schlafmohn erweitert das Farbspektrum. *Links:* Meerkohl braucht viel Platz, denn seine Blütenrispen können etwa 2 m hoch und ebenso breit werden. Diese Kombination mit Rittersporn macht sich auch in Beeten unter einem von alten Apfelbäumen gesäumten Weg sehr gut.

Schafgarbe und Salbei

Der einjährige Salbei *Salvia viridis* wird schon mindestens seit dem Mittelalter kultiviert. Mit der Schafgarbe *(Achillea)* bildet er im traditionellen Cottage-Garten eine interessante Mischung aus Malvenfarben und Rosa. Die Pflanzung kann als breiter Streifen angelegt werden, doch sollte man sie wegen ihrer kurzen Blühperiode ergänzen. Man kann sie auch in ein Parterre setzen, das von geschnittenem Lavendel oder Buchsbaum eingefasst ist. Das Sortiment an Schafgarben wird ständig größer, derzeit werden viele neue Sorten mit bronzefarbenen, orangefarbenen und apart roten Blüten gezüchtet.

Ansprüche Der Salbei wird am besten mitten im Frühjahr direkt an Ort und Stelle gesät. Die Schafgarbe ist mehrjährig und lässt sich durch Teilung vermehren. Beide Pflanzpartner lieben sonnige Lagen und nährstoffreiche Böden und eignen sich auch besonders gut für trockene Standorte.

Weitere Pflanzpartner Schlafmohn *(Papaver somniferum)* bereichert die Farbpalette. Ähnlich gefärbt, aber etwas mehr ins Graue gehend, ist der Muskatellersalbei *Salvia sclarea* var. *turkestanica* mit seinen großen Laubblättern und den auffälligen violetten Tragblättern. *S.* x *superba* 'Superba' geht mehr ins Bläuliche. Astern und Japananemonen sorgen später im Jahr für hübsche Farben.

Rittersporn und Meerkohl

Diese Kombination entstand Ende des 19. Jahrhunderts und umfasst zwei sehr große Pflanzen: Rittersporn *(Delphinium)* und den imposanten Meerkohl *Crambe cordifolia*. Die blauen und violetten Blütenkerzen des Rittersporns heben sich im Frühsommer wunderbar von den winzigen, weißen, wolkenartige Schleier bildenden Meerkohlblüten ab. Diese duften so stark nach Honig, dass sie sich kaum als Schnittblumen eignen.

Ansprüche Rittersporn und Meerkohl sind anspruchslose Stauden. Meerkohl wird durch Samen oder Wurzelschnittlinge vermehrt, Rittersporn kann aus Samen angezogen oder als junge Pflanze gekauft werden. Anschließend kann man ihn vermehren, indem man einige der im Frühjahr gebildeten Triebe wie Stecklinge behandelt: Wenn sie 15 cm lang sind, schneidet sie man sie möglichst nahe am Wurzelballen ab und hält sie im Topf, bis sie so groß sind, dass man sie auspflanzen kann.

Beide Pflanzpartner lieben nährstoffreiche Böden und ertragen auch lichten Schatten. Der Rittersporn sollte angebunden werden. Achten Sie auf Raupen und Schnecken!

Weitere Pflanzpartner Hübsch sind Schwertlilien im Vordergrund, zum Beispiel die stark duftende, zartblaue *Iris pallida* oder ihre panaschierten Formen. Auch Bartiris macht sich hier gut.

Traditionelle Pflanzenkombinationen

Pflanzenkombinationen verschiedener Gartendesigner

Im 19. Jahrhundert gab es bereits Gartenzeitschriften und -bücher für die verschiedensten Leserkreise, und die Gartengestalter verwendeten neu eingeführte Arten wie auch alte Pflanzen der Cottage-Gärten in Kombinationen, die den Lesern gefielen. Dutzende von Pflanzenkombinationen unterschiedlicher Gartendesigner sind aus den artenreichen viktorianischen Gärten überliefert. Die schottische Malerin und Pflanzenexpertin Frances Hope verwendete gefüllt blühende, alte Goldlacksorten und aus China neu eingeführte Lilien. Im Cottage-Garten von Munstead Wood zog Gertrude Jekyll die neuesten Lupinen- und Ritterspornsorten – eine oft als »traditionell« angesehene Kombination, die aber erst um 1900 entstand. Einige in den zwanziger Jahren unseres Jahrhunderts eingeführte Pflanzen waren auch im Garten von Margery Fish zu bewundern.

Heute sind Cottage-Gärten in Nordamerika sehr verbreitet, wo mehr Menschen als in Europa ein Sommerhaus besitzen. Meist gehört ein Stück Land dazu, auf dem man Gemüse, Obst oder Blumen zieht. Natürlich gibt es aber auch von europäischen Gartengestaltern schöne neue Pflanzenkombinationen für den Cottage-Garten.

Jungfer im Grünen und Zierlauch

Das Zusammenspiel von blau blühender Jungfer im Grünen (*Nigella damascena*) und Zierlauch (*Allium spec.*) ist wirklich gelungen – die Blütenstände des Lauchs bilden violette Tupfen im schleierartigen Laub der *Nigella*. Die reine Art *N. damascena* wird schon mindestens seit dem Mittelalter kultiviert, Zierlauche wurden im 19. Jahrhundert eingeführt. Auf dem Bild ist die in Munstead Wood entstandene *Nigella*-Sorte 'Miss Jekyll' zu sehen. Gertrude Jekyll liebte auch Zierlauch und kombinierte ihn sicher gern mit der Jungfer im Grünen.

Beide Pflanzpartner sind recht niedrig und machen sich gut unter Obst- oder Nussbäumen, als malvenfarben-blauer Bestandteil einer

Gegenüber: Nigella 'Miss Jekyll' ist eine pflegeleichte Einjährige. Wenn man Abgeblühtes entfernt, blühen die Pflanzen über viele Wochen.
Links: Eine Cottage-Garten-Kombination aus *Nigella* und *Allium*, ergänzt durch die purpurfarbenen Blütenstände von *Gladiolus communis* ssp. *byzantinus* sowie Salbei und Glockenblumen in leuchtendem Blau.
Unten: Die Kombination im Spätsommer: Die Kapselfrüchte der *Nigella* und die Fruchtstände von *Allium* stehen den Blüten an Schönheit nicht nach.

Rabatte im Stil Gertrude Jekylls oder als Unterwuchs blassrosa blühender Strauchrosen.

N. damascena gibt es in Farbtönen von weiß bis dunkelblau. Die Auswahl an Zierlauch ist riesig, der tiefblaue *A. caeruleum* passt besonders gut zu weißer oder dunkelblauer Jungfer im Grünen.

Ansprüche Nigella ist einjährig und wird im Frühjahr an Ort und Stelle gesät. Dazu verteilt man die Samen und harkt sie leicht ein. Der Zierlauch ist eine winterharte Zwiebelpflanze. Seine Blätter erscheinen früh im Jahr, und man muss darauf achten, sie beim Säen der *Nigella* nicht zu beschädigen. Beide Pflanzpartner lieben sonnige oder leicht schattige Lagen und vertragen auch nährstoffarme Böden. Häufig säen sie sich selbst aus, und man muss zahlreiche unerwünschte Sämlinge jäten.

Weitere Pflanzpartner Ist Ihr Garten groß genug, können Sie Schmucklilien *(Agapanthus)* und die prächtig malvenfarben-rote Gladiole *Gladiolus communis* ssp. *byzantinus* hinzupflanzen. Auch gelbgrün blühende Wolfsmilch wie *Euphorbia palustris* bildet eine gute Ergänzung. Als Hintergrund eignet sich Strauchveronika *(Hebe)* oder eine Mischung von *Rosa moyesii* und *R. glauca*.

Oben: Viele Königskerzen besitzen auffällig gefärbte Staubbeutel, die die Blüten sehr apart aussehen lassen. Es lohnt sich, mit unterschiedlichen Vertretern dieser Gattung im Cottage-Garten zu experimentieren! Auch die Schafgarbe ist eine vielseitige Gattung, und so sind viele dekorative Kombinationen aus Königskerzen und Schafgarben möglich.

Mitte: Die Blütenstände der Kugeldistel bestehen aus dicht gedrängten Hüllblättern, zu denen jeweils eine zartblaue Blüte gehört – hier lohnt es sich, genau hinzusehen!

Unten: Diese schöne Pflanzung aus Sonnenhut und Silberkerze kann an gut sichtbaren Standorten wachsen, etwa in einem Vorgarten oder neben einem Weg.

Schafgarbe und Königskerze

Die flachen gelben Blütenstände der Schafgarbe *Achillea filipendulina* bilden einen hübschen Kontrast zu den blassrosa gefärbten, aufrechten Blütenkerzen einer modernen Königskerzensorte *(Verbascum)*. Diese Kombination eignet sich hervorragend für trockene, sonnige Beete um einen Innenhof oder auch als Saum des Weges zur Haustür.

Ansprüche Die Schafgarbe ist eine kräftige Staude, die alle drei oder vier Jahre geteilt werden sollte, weil sie sonst zu dicht wird. Königskerzen sind kurzlebige Stauden. Die Elternart vieler moderner Züchtungen, *V. phoeniceum*, ist leicht aus Samen zu ziehen und blüht rosa und violett; *V. chaixii* 'Pink Domino' und andere Sorten müssen jedoch durch Wurzelschnittlinge vermehrt werden.

Weitere Pflanzpartner Passende Nachbarn sind Großblütiger Fingerhut *(Digitalis grandiflora)* mit blassgelben oder Rostfarbiger Fingerhut *(D. ferruginea)* mit rostbraunen Blütenständen. Sie sollten im Vordergrund wachsen. Zwischen Schafgarben und Königskerzen sehen rosa blühende Gelenkblumen *(Physostegia virginiana)* apart aus. Ihren seltsamen Namen verdankt diese Blume tatsächlich einem Gelenk an der Basis jeder Blüte, wodurch diese am Stiel seitlich hin und her gedreht werden kann!

Kugeldisteln und Schleierkraut

Die fleischigen, metallisch blauen, kugeligen Blütenstände der Kugeldistel *(Echinops ritro)* bilden einen deutlichen Kontrast zu den duftigen Blütenrispen des Schleierkrauts *(Gypsophila paniculata)*. Diese Kombination ist in einem bunten Cottage-Beet sehr hübsch und eignet sich wegen ihrer dezenten Farben für einen Platz im Garten, der zum Entspannen einlädt.

Ansprüche Kugeldisteln sind winterharte Stauden, die am besten als sortenechte Pflanzen gekauft werden. Schleierkraut kann gesät oder als veredelte Pflanze gekauft werden. Beide Pflanzpartner lieben sonnige Lagen mit nährstoffreichen Böden, eignen sich aber auch für schlechte Böden und leicht schattige Standorte.

Weitere Pflanzpartner Für Kontraste sorgt *Acanthus mollis* mit seinen großen, grob gezähnten Blättern und auffallenden Blütenkerzen. *Clematis hendersonii* und einige andere staudige, blau blühende Waldreben ergänzen das Farbspektrum um frische Noten.

Sonnenhut und *Silberkerzen*

Der purpurrot blühende Rote Sonnenhut (*Echinacea purpurea*) wird gern von modernen Gartendesignern verwendet. Er bildet hübsche Kontraste zu Silberkerzen (*Cimicifuga*) mit ihren rötlichen Blättern und langen, weißen Blütenständen. Beide Pflanzpartner blühen im Spätsommer und sorgen für einen schönen Übergang zur Farbenpracht des Herbstes. Von den vielen Sonnenhutsorten sind *E. purpurea* 'Magnus' (blüht tiefpurpurn) und 'White Swan' (elfenbeinfarben) besonders schön. Da die meisten Silberkerzen höher als *E. purpurea* sind, sollten sie hinter den Sonnenhut gepflanzt werden.

Ansprüche Sonnenhut und Silberkerzen sind winterharte Stauden für sonnige Lagen mit nährstoffreichem, feuchtem Boden. An kühlen, feuchten Standorten ist Sonnenhut kurzlebig. Man kann ihn leicht aus Samen anziehen, aber die größten und am schönsten gefärbten Blüten erhält man, wenn man hübsche Pflanzen teilt. Silberkerzen können im Herbst aus Samen angezogen werden.

Weitere Pflanzpartner Im Vordergrund wachsender Felberich *Lysimachia clethroides* sorgt für ein besonders hübsches Bild (siehe Foto unten links). In schattigen Beeten sind Lungenkraut und Kaukasusvergissmeinnicht eine schöne Ergänzung.

Nächste Seite: Vor einem dunklen Hintergrund – das kann auch ein dunkel gestrichener Zaun oder eine efeubewachsene Mauer sein – kommen Salbei und Schafgarbe hervorragend zur Geltung. Beide Pflanzpartner wachsen in trockenem Boden und gedeihen daher sehr gut am Fuß von Hecken.

Schafgarbe und *Salbei*

Die flachen senfgelben Doldenrispen der Schafgarbe *Achillea filipendulina* 'Gold Plate' passen gut zu den aufrechten malvenfarbenen Blütenständen des Salbeis *Salvia* x *superba* 'Superba'. Diese auf der nächsten Seite abgebildete Zusammenstellung ist pflegeleicht und eignet sich gut für sonnige Beete. Man kann sie in großen Beständen um ein modernes Haus herum wachsen lassen oder einen Weg mit ihr säumen. Wer niedrigere Pflanzen vorzieht, sollte *S. nemorosa* 'Ostfriesland' mit einer anderen Schafgarbe wie etwa *A.* 'Coronation Gold' kombinieren.

Ansprüche Beide Pflanzpartner sind robuste Stauden, die in recht trockenen, fruchtbaren Böden gedeihen und sich durch Teilung leicht vermehren lassen.

Weitere Pflanzpartner Hübsche Nachbarn sind silbriger Beifuß wie *Artemisia* 'Silver Queen' und kirschrotes Fingerkraut *Potentilla nepalensis* 'Miss Willmott'. Im Hintergrund machen sich Gruppen der Sonnenblumen 'Italian White' oder 'Moonwalker' sehr gut.

Edeldisteln und Glockenblumen

Diese Kombination ist sehr beliebt, denn die einfachen Formen der Glockenblume *(Campanula)* bilden einen aparten Kontrast zu den filigranen Edeldisteln *(Eryngium)*. Die irische Gartenfreundin Helen Dillon lässt sie zwischen anderen Pflanzen mit gleichen Standortansprüchen wachsen. Besonders schön wirken die von stacheligen Hochblättern umgebenen Blütenköpfe der Alpendistel *(E. alpinum)* neben der Pfirsichblättrigen Glockenblume *(C. persicifolia)*. Die Alpendistel war bereits im 16. Jahrhundert eine Gartenpflanze, jedoch erst Ende des 19. Jahrhunderts weit verbreitet. Die normale, blaue Pfirsichblättrige Glockenblume gilt vielfach fast als Unkraut. Mit ihrem Nebeneinander des ganz Gewöhnlichen und des Seltenen erinnert diese Kombination sehr an die Werke Gertrude Jekylls.

Diese Pflanzpartner eignen sich als Saum einer gepflasterten Fläche, in deren Mitte eine alte Sonnenuhr steht. Besonders hübsch wird das Bild, wenn man Töpfe mit kräftig rosa blühenden Geranien hinzustellt. Man kann die Kombination aber auch an einem rustikalen Weg im Obstgarten wachsen lassen.

Neben *E. alpinum* sind auch andere Edeldisteln wie etwa die zweijährige Elfenbeindistel *(E. giganteum)* zu empfehlen. Sie sollte in keinem Garten fehlen, ihre riesigen, stacheligen Hochblätter halten bis weit in den Winter hinein. Auch von *E. planum* gibt es viele hübsche Sorten. Die Auswahl an Glockenblumen passender Größe ist kleiner, neben *C. persicifolia* kommt besonders *C. lactiflora* infrage.

Ansprüche Edeldisteln und Glockenblumen sind robuste, pflegeleichte Stauden, die an sonnigen Standorten mit nährstoffarmem Boden besonders reich blühen. Die Edeldistel wächst nur langsam heran. Man kann ihre Samen ernten, sobald die Fruchtstände sich braun färben, sofort aussäen und im Freien überwintern. Die jungen Pflanzen bleiben etwa ein Jahr im Anzuchtbeet und werden dann ausgepflanzt. Die Glockenblume sät sich so stark aus, dass man die abgeblühten Triebe besser abschneidet. Dabei sollte man nicht mit dem weißen Pflanzensaft in Berührung kommen, denn er läßt sich nur schwer entfernen, wenn er auf der Haut getrocknet ist.

Weitere Pflanzpartner Eine Hintergrundpflanzung aus violettem Rittersporn, tiefblauer Bartiris und *Acanthus spinosus* mit seinen großen, glänzenden Blättern sorgt für Struktur. Ich habe Büsche der Alten Rose 'Ispahan' mit so einer Pflanzung umgeben.

Fingerhut und Rasselblume

In dieser ansprechenden Zusammenstellung mischt sich das Erdbeerrot des Fingerhuts Digitalis x mertonensis mit dem leuchtenden Blau der Rasselblume (Catananche caerulea). D. x mertonensis ist eine moderne, 1925 gezüchtete Hybride aus den beiden Wildarten D. purpurea und D. grandiflora mit viel größeren Blüten als die Wildarten, wird aber nur halb so hoch wie diese und passt daher sehr gut zu niedrigen Einjährigen und kleineren Stauden. Die Rasselblume war ebenso wie Fingerhut bereits im 17. Jahrhundert eine beliebte Gartenpflanze. Diese Kombination passt sehr gut in einen Cottage-Garten, denn beide Pflanzpartner blühen mehrere Monate lang, und auch die Blätter des Fingerhuts sind dekorativ. Sie eignet sich auch gut zum Verschönern kleiner Rosengärten.

Die Gattung Digitalis erfreut sich wachsender Beliebtheit. Sie umfasst mehrere dekorative Arten: Roter Fingerhut (D. purpurea), Großblütiger Fingerhut (D. grandiflora, blüht grünlich gelb, Sorten auch ockergelb) und Rostfarbiger Fingerhut (D. ferruginea). 'Glory of Roundway' ist eine neuere Kreuzung mit schmalen, rosarot überlaufenen Blüten. Die Blütenfarbe von D. x mertonensis ist jedoch einzigartig. Die Rasselblume wird auch mit weißen und mit blauen und weißen Blüten angeboten, doch am schönsten ist die normale blaue Form.

Ansprüche Obwohl D. x mertonensis aus einer Kreuzung zweier Arten entstand, lässt sie sich echt aus Samen vermehren. Die Sämlinge blühen erst im zweiten Jahr, im Unterschied zu D. purpurea aber anschließend noch mehrere Jahre. Alte Exemplare sehen jedoch meist nicht besonders schön aus, so dass man besser jedes Jahr neu aussät. Die Rasselblume ist eine wüchsige Staude, die sich gut aus Samen anziehen lässt, aber auch als junge Pflanze angeboten wird. Sie versamt mäßig stark, so dass man sie nicht vermehren oder nachkaufen muss. Beide Pflanzpartner lieben sonnige und leicht schattige Lagen mit nährstoffreichem Boden.

Weitere Pflanzpartner Auf dem links abgebildeten Foto wächst eine zartrosa blühende Rose durch die Kombination. Hierfür eignen sich fast alle Alten Rosen und auch viele moderne Sorten. Grün blühende Pflanzen können für Kontraste sorgen, zum Beispiel die einjährigen, auch als Schnittblumen gezogenen Muschelblumen (Molucella laevis) zwischen Fingerhut und Frauenmantel (Alchemilla mollis) oder Gartenreseda vor der Rasselblume.

Vorherige Doppelseite links: Helen Dillon setzt die Farben in ihrem Garten sehr fantasievoll ein – Malvenfarben, Blau- und Silbertöne mit einem Hauch von Kirschrot und Gelb. *Vorherige Doppelseite rechts:* Die Alpendistel *(Eryngium alpinum)* ist eine robuste Staude, die ein bis zwei Monate lang reich blüht. *Gegenüber:* Im Unterschied zum Fingerhut sollte die Rasselblume angebunden werden, wenn der Garten ordentlich aussehen soll. *Links:* Im Garten von Green Farm Plants kombiniert Piet Oudolf die Indianernessel *Monarda* 'Fishes' mit dem Salbei *Salvia* x *superba*. Hierzu sieht *Phlox* 'Blue Paradise' gut aus.

Indianernessel und Salbei

Die Indianernessel *(Monarda)* ist leider relativ selten in Gärten anzutreffen, obwohl das Farbspektrum ihrer Blüten von weiß bis tief malvenfarben reicht, sie lange blüht und sich gut im Garten hält. Ihre aparten Farben und die interessanten Blütenquirle ermöglichen verschiedene elegante Kombinationen und sehen zum Beispiel neben Salbei sehr hübsch aus. Die Kombination von Indianernessel und Salbei wird von modernen Gartendesignern daher gern verwendet.

Diese im Spätsommer blühende Kombination wirkt zauberhaft neben einem Rasen, wenn die Zweige alter Obstbäume über dem Beet hängen. Im Vordergrund kann eine geschnittene Buchsbaumhecke wachsen. Man kann mit dieser Kombination aber auch einen Gemüsegarten einfassen, besonders einen Garten mit Kohl und Lauch (siehe Seite 76/77). Wer die Farben der Kombination auf dem Foto nicht kräftig genug findet, kann *Monarda* 'Croftway Pink' mit *Salvia* x *superba* oder *S. nemorosa* kombinieren und darüber einen kirschroten Phlox blühen lassen. Auch ein dekorativer silber-fliederfarbener Phlox wie *Phlox maculata* 'Alpha' oder weißer Phlox sieht hier sehr dekorativ aus – *P. paniculata* 'Alba Grandiflora' verströmt außerdem einen angenehmen Duft.

Ansprüche Beide Pflanzpartner sind wüchsige, pflegeleichte Stauden. Sie können sehr dichte Bestände bilden, die alle zwei oder drei Jahre geteilt werden müssen. Die Indianernessel lässt sich sogar aus winzigen Pflanzenstückchen vermehren. Beide lieben nährstoffreiche, feuchte Böden und sonnige oder leicht schattige Standorte. In zu trockenem Boden leidet die Indianernessel unter Mehltau.

Weitere Pflanzpartner Weil die unteren Stengelabschnitte der Indianernesseln leicht verkahlen, sollte man sie durch andere Pflanzen verdecken. Hierfür eignen sich Katzenminzen *(Nepeta)* wie 'Six Hills Giant' und vor allem *N. sibirica* 'Souvenir d'André Chaudron'.

EINE BERÜHMTE GARTENDESIGNERIN:
Margery Fish

Rechts: Margery Fish liebte Silbertöne – vom Ziest *Stachys byzantina* und dem Heiligenkraut *Santolina chamaecyparissus* bis zu Beifuß, Hundskamille und der Silberwinde *(Convolvulus cneorum)*. Eine besondere Wirkung erhält die Bepflanzung durch Stauden mit eingeschnittenen grünen Blättern und einige andersfarbige Blickpunkte.
Gegenüber unten: Verschiedene Pflanzen des Cottage-Gartens, darunter die schöne Wolfsmilch *Euphorbia characias*, die immergrüne Scheinzypresse *Chamaecyparis lawsoniana* 'Fletcheri', Bartiris und Spornblumen.

MARGERY FISH begann sich für Gärten und Gartenpflanzen zu interessieren, nachdem sie und ihr Mann im Jahr 1938 East Lambrook Manor im englischen Somerset gekauft hatten – ein schönes, von etwas Land umgebenes, einfaches Haus, das recht verfallen war, als sie es erwarben. Als Margery Fish 1969 starb, war der Garten zu einem der bedeutendsten Großbritanniens geworden.

Margery Fish lernte große, aufwendig gestaltete Gärten ihrer Nachbarn kennen und unternahm mit diesen Sammelreisen. Besonders faszinierten sie jedoch die winzigen Gärten ihres Dorfes und der benachbarten Dörfer, in denen verschiedene altmodische Pflanzen wuchsen. In ihrem eigenen Garten stellte sie die Pflanzen so zusammen, wie es auf den Dörfern üblich war. So mischte sie Spornblumen *(Centranthus ruber)* mit blühendem Gartensalbei *(Salvia officinalis)* und einer kriechenden Glockenblume oder aber Schneerosen *(Helleborus)* mit der Schwertlilie *Iris foetidissima*.

Margery Fish liebte auch dschungelähnliche Pflanzungen, die Unkräuter unterdrückten. Sie stellte jedoch fest, dass einige ihrer Lieblingspflanzen sich fast so stark ausbreiteten wie Unkräuter, zum Beispiel die Große Sterndolde *Astrantia major* ssp. *involucrata* 'Shaggy'. Gemeinsam mit ihrem Mann verrichtete Margery Fish alle Gartenarbeiten selbst, und so waren keine arbeitsintensiven Blumengruppierungen im Stil Gertrude Jekylls oder nach dem Vorbild des Gartens von Sissinghurst möglich. Dennoch bewunderte Margery Fish dessen Schöpferin Vita Sackville-West sehr. Margery Fish gestaltete keine anderen Gärten, doch wurde ihr eigener Garten viel besucht. Man war fasziniert von ihrer Fähigkeit, kleinflächigen Pflanzenkombinationen eine besondere Ausstrahlung zu verleihen. Weil Margery Fish auch eine kleine Pflanzenhandlung betrieb, konnten die Besucher die Pflanzen für ihre eigenen Gärten kaufen. Der Garten von East Lambrook Manor ist heute noch großenteils so, wie Margery Fish ihn hinterließ, und ist der Öffentlichkeit weiterhin zugänglich.

Oben· Selbst ausgesäte Akelei hebt sich gut von den jungen Blättern des Rhabarbers *Rheum palmatum* ab. Wenn diese groß sind, lassen sie einen dschungelartigen Eindruck entstehen.

Gärten von Pflanzensammlern

132 Einführung

134 Gärten von Pflanzensammlern

152 Zwei berühmte Gartendesigner:
Wolfgang Oehme und
James van Sweden

Oben: Die Pflanzen in den Gärten von Sammlern sind nicht unbedingt anspruchsvoller als die, die man in jedem Gartencenter kaufen kann. Hier sorgen ausgefallene Sorten für bunte Farben.
Rechts: Der Knöterich *Persicaria amplexicaulis (Polygonum amplexicaule)* 'Firetail' gehört zu einer Gattung mit zahlreichen interessanten, selten kultivierten Formen, von denen einige rosa und orangefarben blühen. Hinter ihm wächst die Kugeldistel *Echinops bannaticus* 'Taplow Blue' mit ihren großen Blütenköpfen. Auch sie gehört zu einer Gattung, bei der es viel zu entdecken gibt.

Begeisterte Pflanzensammler gibt es schon seit sehr langer Zeit. Bereits altbabylonische Könige fertigten umfangreiche Listen ihrer Pflanzen an. Eine dieser Listen entstand ungefähr 1000 v. Chr. und führte die Gemüsearten, Obstpflanzen und Heilkräuter in den königlichen Gärten auf. In China entstanden 700 v. Chr. Verzeichnisse von Päonien und Chrysanthemen. Auch damals waren diese Listen sicher hochinteressant für Pflanzensammler, die alle aufgeführten Arten in ihrem Bestand haben wollten.

In Europa entstanden die ersten Verzeichnisse von Gartenpflanzen im 17. Jahrhundert. Wichtige Beispiele sind *Hortus Eystettiensis* von Besler (1613), *Garden Book* von Sir Thomas Hanmer (1659) und *Flora* von John Rea (1665). Diese Werke waren sehr beliebt und bildeten die Grundlage für den Ehrgeiz vieler Pflanzensammler.

Zu Beginn des 17. Jahrhunderts begann man, nordamerikanische Pflanzen zu sammeln, sie wurden jedoch überwiegend von europäischen Gartenfreunden kultiviert. Wir wissen nicht, ob amerikanische Gartenliebhaber an ihrer einheimischen Flora ebenso brennend interessiert waren. Noch in den vierziger Jahren des 19. Jahrhunderts stellte der Landschaftsgärtner Andrew Jackson Downing eine Liste von Rabattenpflanzen vor, die viele altmodische europäische Pflanzen, aber nur wenige in Amerika heimische Arten enthielt.

Es ist schwer zu sagen, ob so wenig über Pflanzenkombinationen vor 1800 bekannt ist, weil man meinte, es lohne sich nicht, sie zu dokumentieren, oder ob die Pflanzenzusammenstellungen so allgemein verbreitet waren, dass Aufzeichnungen unnötig erschienen.

Viele Pflanzensammler haben sich auf seltene, neue, eigenartige oder besonders schöne Pflanzen konzentriert. Kenner ziehen den Türkischen Mohn 'Sultana' (blüht erdbeerrot) oder die Sorte 'Cedric Morris' (blüht sehr hell lavendelfarben-grau) der scharlachroten Wildform von *Papaver orientale* vor oder pflanzen lieber den Felberich *Lysimachia atropurpurea* mit violetten Blütenkerzen als die gelb blühende, häufige Art *L. punctata*. Die Pflanzen der Sammler sind nicht »besser« oder schwieriger zu kultivieren, doch ermöglichen sie oft feinere Abstufungen oder schönere Farbeffekte als ihre gemeinhin kultivierten Verwandten.

Heute erleben wir die große Zeit der Pflanzensammler, die zugleich Gartendesigner sind. Niemals zuvor interessierten sich so viele Menschen für Pflanzen und Gartenanlagen, und noch nie wurden Gartenpflanzen so fantasievoll miteinander kombiniert. Die Gärten berühmter Gartendesigner werden viel besucht und ihre Gestalter sehr bewundert.

Anemonen und Chrysanthemen

In den sechziger Jahren des 19. Jahrhunderts beschrieb die bekannte schottische Gartenbuchautorin Frances Hope eine große gemischte Rabatte, in der weiße Japananemonen (*Anemone* x *hybrida*) und tiefrote Chrysanthemen (*Dendranthema*) wuchsen. Das kühle Weißrosa der Anemonen und die schöne Form ihrer Knospen und abgefallenen Blütenblätter passten gut zum dunklen Laub der Chrysanthemen und deren zahlreichen Blütenblättern. Ursprünglich war diese Kombination zum »Füllen« einer großen Rabatte gedacht, die Frances Hope mit braunblättrigen Purpurglöckchen (*Heuchera*) einfassen wollte. Sie eignet sich aber ebenso für ein Beet mit Pflanzen, die erst im Spätsommer blühen.

Frances Hope verwendete die stattliche *Anemone* x *hybrida* 'Honorine Jobert', die 1858 auf den Markt kam. Sicher hätte sie auch eine der neuen chinesischen Chrysanthemen wie 'Yvonne Arnaud' oder 'George Griffiths' verwendet. Man kann das Farbschema auch umkehren und die tief rosarot-violett blühende *A.* x *hybrida* 'Bressingham Glow' zwischen weiße Chrsyanthemen pflanzen.

Ansprüche Beide Pflanzpartner sind pflegeleichte Stauden. In kalten Gebieten sollte man die Chrysanthemen jedoch im Herbst aus dem Boden nehmen und an einem geschützten Ort überwintern. Im Frühjahr kann man dann Stecklinge von den jungen Trieben schneiden, die im Frühling aus den Wurzeln wachsen. Die Pflanzen gedeihen am besten an sonnigen oder leicht schattigen Orten mit guten Böden, wo die Anemone sich manchmal sehr stark ausbreitet.

Weitere Pflanzpartner Silberne Farbtöne sind eine hübsche Ergänzung – etwa durch Cardys (siehe Seite 74) oder einen Beifuß, wie *Artemisia* 'Silver Queen'.

Anemonen und Astern

Diese Kombination ist ein im Spätsommer blühender Klassiker, den bereits Gertrude Jekyll häufig pflanzte. Ich verwende moderne Hybriden, wie *Anemone* x *hybrida* 'Bressingham Glow' und die in England seit 1958 bekannte Raublattaster *Aster novae-angliae* 'Lye End Beauty'. Raublattastern werden schon seit 1710 in Europa kultiviert, und diese ist eine der besten. Ihr schönes Rosa wird nur von der Sorte 'Andenken an Alma Pötschke' übertroffen, die jedoch für eine Kombination mit diesen Anemonen zu niedrig ist.

Einige Anemonen tragen schön gefüllte Blüten, etwa die rosa blühende 'Margarete' oder die hellere 'Lady Gilmour'. Lohnend sind auch die Ausgangsarten der Kreuzungen. So besitzt *Anemone hupehensis* unterschiedlich große Blütenblätter in zwei Rosatönen. Eine schöne Raublattaster ist auch die rein weiße Sorte 'Herbstschnee'.

Ansprüche Beide Pflanzpartner sind robuste, niedrige Stauden. Sie ertragen Trockenheit und nährstoffarmen Boden, die Anemonen eignen sich jedoch nicht für tiefen Schatten.

Weitere Pflanzpartner Wer die Farben der oben abgebildeten Kombination zu kräftig findet, kann sie auf verschiedene Weise weicher wirken lassen. Man kann mehr *Aster*-Arten pflanzen, etwa *A. divaricatus* mit winzigen weißen Blütenköpfen oder rosaviolette *A. turbellinus*. Gut machen sich aber auch Silbertöne, die durch den Beifuß *Artemisia ludoviciana* 'Silver Queen' oder durch *A.* 'Powis Castle' mit federartigem Laub eingebracht werden.

Gegenüber: Hier ist die seit 1898 bekannte *Anemone* 'Königin Charlotte' zu sehen. Chrysanthemensorten verschwinden rasch wieder vom Markt und werden durch neue ersetzt, lohnend sind Formen der Rubellum-Gruppe von *Dendranthema*. Viele stammen aus viktorianischer Zeit, und einige, zum Beispiel die rosa-malvenfarbene Sorte 'Emperor of China', sind alte Pflanzen aus dem Fernen Osten.

Oben: Im Spätsommer ist im Garten nicht mehr so viel zu tun. Wenn spät blühende Anemonen und Astern neben einer Sitzecke wachsen, kann man sich nun an ihnen erfreuen.

Gladiolen und Zistrosen

Im Garten der Gartenfreundin Beth Chatto in Essex, wo einige Pflanzenzusammenstellungen von grundlegender Bedeutung zu sehen sind, bildet dieses Paar einen hinreißenden Farbschleier. Den Reiz dieser Mischung macht das leuchtende Kirschrot der Gladiolen *(Gladiolus)* zusammen mit dem zarten Rosa der Zistrosen *(Cistus,* zum Beispiel der frostharten Sorte 'Silver Pink') aus. Rosatöne von Wiesenrauten *(Thalictrum),* zartes Gelb und Grau sorgen für Harmonie. Das Gelb macht die Kombination auffällig.

Es gibt mehrere ähnliche, meist kleinere Gladiolen als die hier verwendeten. Sie sind in unterschiedlichen Purpurrottönen erhältlich, wer rosa oder weiße Farben ausprobieren möchte, sollte einige der zauberhaften Nanus-Hybriden pflanzen. Die Blüten der Zistrosen sind rein weiß bis kräftig rosa und rot. Manche sind in der Mitte hübsch gefleckt. Einige Arten besitzen wunderbar duftende Blätter.

Die Grundkombination passt besonders gut in Cottage-Gärten, die vollständige Pflanzung füllt eine große Rabatte.

Ansprüche Die europäische Gladiole ist im Unterschied zu ihren afrikanischen Verwandten winterhart. Sie kann leicht aus Samen angezogen werden, sät sich auch selbst aus und breitet sich manchmal etwas zu stark aus. Zistrosen sind in Mitteleuropa nicht ausreichend winterhart, lassen sich aber gut als Kübelpflanzen halten, die eben frostfrei überwintert werden. Es sind lockere Sträucher, die im Alter sparrig werden, sich durch Stecklinge aber leicht verjüngen lassen. C. 'Elma' besitzt duftende Blätter und riesige weiße Blüten, die nur einen einzigen Tag halten. Beide Pflanzpartner lieben sonnige Lagen mit nährstoffarmem, recht trockenem Boden.

Weitere Pflanzpartner Den Vordergrund beherrscht die Wolfsmilch *Euphorbia* x *martinii.* Weiter hinten wachsen *Verbascum chaixii, Erysimum* 'Bowles' Mauve' und *Artemisia* 'Powis Castle'. Zwischen den Gladiolen verstreut stehen Zierlauch und rosa blühende Akelei-Wiesenraute *(Thalictrum aquilegifolium).*

Gegenüber: Modern gestaltete Beete mit ungewöhnlichen Pflanzen sind lange Zeit farbenfroh und oft viel pflegeleichter als traditionelle Staudenrabatten oder Strauchpflanzungen.
Links: Dekorative moderne Pflanzungen wirken auch auf kleinen Flächen, die nur wenigen Pflanzen Platz bieten. Der bronzefarbene Fenchel muss allerdings zurückgeschnitten werden, damit er die anderen Pflanzen nicht überwächst.

Sonnenröschen und Mohn

Nur selten werden verschiedene Orangetöne nebeneinander zur Geltung gebracht. Ein schönes Beispiel für solche Farbspiele ist diese Pflanzenkombination von Nori und Sandra Pope im Garten von Hadspen House im englischen Somerset. Eine hellorange blühende Form des Türkischen Mohns *(Papaver orientale)* hebt sich mit ihrem lockeren Wuchs sehr stark von einem kräftig orangefarbenen Sonnenröschen *(Helianthemum* 'Henfield Brilliant') ab. Mit der Zeit sorgt bronzefarbener Fenchel für einen harmonischen Ausgleich.

Sonnenröschen werden in leuchtenden Gelb-, Orange-, Gelbbraun- und Rosatönen angeboten. Der Mohn kann grauweiß, hell amethystfarben, erdbeerrot, blauviolett oder (wie meistens) scharlachrot sein. So sind verschiedene zauberhafte Farbkombinationen möglich. Mir gefallen gelbbraune Sonnenröschen neben dem grauvioletten Mohn 'Cedric Morris', ebenso der erdbeerrote Mohn 'Turkish Delight' zu einem leuchtend rosafarbenen Sonnenröschen.

Türkischer Mohn und Sonnenröschen passen sehr gut in Vorgärten, und das Nebeneinander von lockerem und kompaktem Wuchs sieht auch in einem Vorortgarten hübsch aus.

Ansprüche Türkischer Mohn ist eine pflegeleichte, zuverlässige Staude, Sonnenröschen sind robuste, niederliegende Halbsträucher. Beide lieben sonnige Standorte und eignen sich auch für nährstoffarme, trockene Böden. Die meisten Sorten des Mohns müssen durch Wurzelschnittlinge vermehrt werden. Dazu legt man im Spätherbst einige der dicken, fleischigen Wurzeln frei. Man schneidet so viele, wie man braucht, in 5 bis 8 cm lange Abschnitte, vergräbt sie horizontal in einem Topf und hält sie schattig und kühl.

Weitere Pflanzpartner *Rosa glauca* oder *R. moyesii* sorgt für Höhe. *R. glauca* besitzt rötliche, bis 2,5 m hohe Triebe, blaugrüne Blätter und kleine rosa Blüten, die nur kurze Zeit geöffnet sind und auf die orangefarbene Hagebutten folgen. *R. moyesii* bildet einen ebenso hohen Busch und besitzt noch auffälligere Hagebutten. Der Mohn *Papaver atlanticum* wird mit gefüllten oder ungefüllten Blüten angeboten, blüht bis weit in den Spätherbst hinein und verlängert dadurch die Farbenpracht der Kombination. In warmen, trockeneren Gebieten sind hell gefärbte Seidenpflanzen *(Asclepias tuberosa)* eine hübsche Ergänzung, für kühlere Gegenden eignet sich eher die Inkalilie *Alstroemeria aurantiaca* (beide brauchen Winterschutz). Die oben abgebildete Pflanzung wird auch durch orangefarbene Taglilien *(Hemerocallis)* verschönert.

Steppenkerzen und Mohn

Die englische Pflanzenfreundin Beth Chatto ist bekannt für ihre ungewöhnlichen Zusammenstellungen interessanter Pflanzen. Die Grundfarben dieser üppigen Pflanzung werden von den riesigen gelben Blütenständen der Steppenkerze *(Eremurus)* und den einfachen, violetten Blüten des einjährigen Schlafmohns *(Papaver somniferum)* bestimmt. Die hier verwendete Steppenkerze ist vermutlich eine Selektion einer Kreuzung. Schön sind auch die rein weiße Art *E. himalaicus*, die außerdem auch interessante Kapselfrüchte bildet, und die größere, muschelrosa blühende *E. robustus*.

Diese Kombination von Steppenkerzen und Mohn eignet sich besonders für architektonische Gärten, etwa als Saum eines quadratischen Rasens, in dessen Mitte ein quadratischer Teich liegt.

Ansprüche Beide Pflanzpartner lieben sonnige Lagen und gedeihen in recht trockenen Böden. Steppenkerzen sind pflegeleichte Stauden, die nur für sehr kalte Gebiete nicht geeignet sind. Der Mohn ist einjährig, sät sich aber leicht selbst aus.

Weitere Pflanzpartner Für Höhe und Volumen sorgen hier kleine Bäume. Schön sind Tamariske *(Tamarix)* mit ihren rauchgrau-violetten Blüten, aber auch die Ölweide *Elaeagnus angustifolia* passt gut in das Bild.

Blumenrohr und Verbenen

Blumenrohr *(Canna)* wurde im 17. Jahrhundert nach Europa eingeführt. 200 Jahre später war es Bestandteil praktisch jeder subtropischen Pflanzung. Zu dieser von Christopher Lloyd in seinem Garten von Great Dixter (siehe Seite 104) angelegten Kombination gehört ein Blumenrohr, vermutlich die Sorte 'Wyoming', dessen burgunderrot überlaufene Blätter einen hübschen Kontrast zu den violetten, dünn gestielten Blütenähren von *Verbena bonariensis* bilden. In subtropischen Gärten kann man mit dieser Pflanzung große, vielseitige Beete gestalten. In kühleren Gegenden ist sie ein hübscher »Füller« für gut sichtbare Beete und große Kübel.

Ansprüche Beide Pflanzpartner benötigen warme Standorte mit nährstoffreichem Boden und sind in Mitteleuropa nicht winterhart. Blumenrohr benötigt Schutz vor Wind. Die Verbene erträgt etwas Frost und kann auch wie eine Einjährige behandelt oder unter Glas überwintert werden. Das Blumenrohr wird im Herbst abgeschnitten und die Knollen werden frostfrei überwintert.

Weitere Pflanzpartner In den Gärten der Jahrhundertwende kombinierte man Verbenen gern mit Geranien (Pelargonien). Hübsch ist vor allem eine tiefrote oder rotviolette Sorte wie die zur Regal-Gruppe gehörende 'Lord Bute'.

Rechts: Steppenkerzen und Mohn mit der Königskerze *Verbascum bombyciferum*, Zierlauch und Bartiris.
Gegenüber oben: In warmen Gebieten kann man im Rasen Beete mit Blumenrohr und Beloperonen anlegen.
Gegenüber unten: Eine dekorative Pflanzung aus Blumenrohr und Verbenen gedeiht an einer warmen Stelle im Garten oder in einem Wintergarten.

Blumenrohr und Beloperonen

Diese Pflanzung aus dem Longwood Garden in Pennsylvania eignet sich für warme, schattige Lagen oder Wintergärten. Besonders hübsch ist sie neben einem Teich, einem Springbrunnen oder einer Gruppe großer Töpfe. Die gelb und grün gestreiften Blätter des Blumenrohrs *(Canna)* ergänzen die gelben Hochblätter und das grüne Laub der raschwüchsigen Gelben Beloperone (auch Goldähre oder Gelber Zimmerhopfen genannt; *Pachystachys lutea)* sehr gut. Besonders interessant wirkt die Pflanzung, wenn das Blumenrohr blüht.

Ansprüche Beide Pflanzpartner stammen aus dem tropischen Amerika. Sie benötigen Wärme, Feuchtigkeit und reichlich Nährstoffe. Achten Sie auf Schneckenfraß, unter Glas auch auf Befall durch die Rote Spinnmilbe! Im Freiland benötigt das Blumenrohr einen windgeschützten Standort, damit seine Blätter nicht beschädigt werden. Die Beloperone ist ein kleiner Busch, der im Alter oft sparrig und daher am besten jedes Frühjahr durch Stecklinge vermehrt wird. Die Horste des Blumenrohrs lassen sich im Herbst leicht teilen.

Weitere Pflanzpartner Diese Kombination sieht hübsch aus, wenn man Bambus (zum Beispiel *Phyllostachys nigra*) mit ihr umpflanzt. Als Unterwuchs ist der Frauenhaarfarn *Adiantum cretica* 'Albolineata' sehr schön.

Rechts: Viele Seggen und andere Sauergräser zeichnen sich durch ungewöhnliche Blattfärbungen aus, die sich gut für fantasievolle Kombinationen eignen, hier zum Beispiel ein Seggenbestand in Verbindung mit Wolfsmilch.

Gegenüber: Viele Gartenfreunde achten bei ihrer Pflanzenwahl nur auf schöne Blüten, doch auch Samenstände oder abgestorbene Triebe können sehr dekorativ sein. Diese Kombination aus Prunkwinde und Fenchel sieht im Herbst am schönsten aus.

Wolfsmilch und Seggen

Wolfsmilch und Seggen passen hervorragend zusammen. Ein besonders schönes Beispiel ist die Kombination der Roten Segge *(Carex buchananii)*, die ursprünglich aus Neuseeland stammt, und der Wolfsmilch *Euphorbia* x *martinii (E. amygdaloides* x *E. characias)* mit ihren zuweilen rötlichen Blättern. Wenn man die Steife Segge *C. elata* 'Aurea' (früher: *C. stricta* 'Bowles' Golden') mit einer gelben oder bronzefarben blühenden Vielfarbigen Wolfsmilch *(Euphorbia polychroma)* kombiniert, entsteht ein auf Gelb basierendes Farbschema. Wer größere Pflanzen liebt, kann die Riesensegge *C. pendula* mit *E. characias* kombinieren – eine hervorragende Schattenpflanzung in einem Stadtgarten.

Die Kombination eignet sich für vielseitige moderne Gärten, wo zum Beispiel in einem gepflasterten Hof quadratische Bestände der Segge von der Wolfsmilch umgeben sind. Sie sieht aber auch als frei gestaltete Pflanzung in einem naturnahen Teil des Gartens gut aus.

Ansprüche *Euphorbia* x *martinii* ist eine niedrige, buschige Pflanze, die für leichten Winterschutz dankbar ist. Sie lässt sich durch Stecklinge von jungen Trieben vermehren. Die Segge ist eine immergrüne Staude, deren dichte Horste im zeitigen Frühjahr geteilt werden können. Beide Pflanzpartner lieben schattige Lagen mit feuchtem Boden, vertragen aber auch Sonne und Trockenheit.

Weitere Pflanzpartner Die Kombination passt gut zu den auf Seite 52–55 vorgestellten Kombinationen aus Farnen und Funkien. Im Frühjahr wird das Farbschema durch bronzerote Tulpen oder die zartgelbe *Tulipa sylvestris* schön betont. Diese selten in alten Weinbergen vorkommende Tulpe hat außerdem noch den Vorteil, sehr gut zu duften.

Prunkwinde und Fenchel

Diese originelle, im Spätsommer blühende Kombination im Botanischen Garten der Stadt Washington zeigt Fenchel *(Foeniculum vulgare)* und die dunkelviolette Form der Prunkwinde *Ipomoea hederacea*, deren Blüten einen aparten Kontrast zu den abgeblühten Trieben des Fenchels bilden.

Auch verschiedene andere kletternde Prunkwinden kommen infrage. Bei den Namen herrscht ein beträchtliches Durcheinander. So werden einige Prunkwinden auch in die Gattungen *Pharbitis* und *Quamoclit* gestellt. Am besten kümmert man sich nicht um solche Namensunterschiede, sondern pflanzt ganz einfach hübsche Sorten wie die himmelblau blühende *I. tricolor* 'Heavenly Blue'. Statt des Fenchels kann man auch Echte Engelwurz *(Angelica archangelica)* verwenden oder aber Rhabarber, den man blühen und Samen ansetzen lässt.

Diese Pflanzung kann in einer Ecke des Küchen- oder Cottage-Gartens wachsen, am besten neben einem Bogen, den eine rosa blühende Rose bedeckt. Sie eignet sich aber auch als vertikaler Schwerpunkt inmitten von Kürbispflanzen.

Ansprüche Fenchel ist eine Staude, die von Jahr zu Jahr schöner aussieht. Die Prunkwinde wird dagegen am besten wie eine Einjährige behandelt. Wo der Sommer kühl ist, wachsen Prunkwinden im Freiland nicht besonders gut. Wenn Ihr Garten jedoch eine geschützte Ecke aufweist, können Sie die Prunkwinden im Spätwinter oder zeitigen Frühjahr im Haus aus Samen anziehen und die Sämlinge nach den letzten Frösten auspflanzen. Unter Glas sollten Sie die jungen Pflanzen regelmäßig auf Blattlausbefall untersuchen.

Weitere Pflanzpartner Diese Kombination kommt neben einer Laube oder Pergola gut zur Geltung. Als Ergänzung eignen sich spät blühende Waldreben und Rosen (siehe die Kombinationen auf Seite 24–27).

Astern und Wolfsmilch

In Gärten trifft man überwiegend großblütige Astern an, doch sind unter den Arten einige besondere Schönheiten mit winzigen Blütenköpfen zu entdecken. Hier wächst Aster 'Combe Fishacre', eine Hybride mit winzigen rosafarbenen, in der Mitte rubinroten Blütenständen, zwischen den blaugrauen Blättern der stattlichen Wolfsmilch *Euphorbia characias* ssp. *wulfenii*. Diese Kombination ist im Spätsommer am schönsten. Nur wenige andere Astern sind in dieser Kombination ebenso ansprechend, am ehesten noch A. turbellinus. Natürlich gibt es aber viele andere schöne Astern, etwa A. ericoides 'Hon. Vicary Gibbs' oder die größere Raublattaster A. novae-angliae 'Lye End Beauty'. Auch violette Herbstastern sehen neben der Wolfsmilch hübsch aus. Für diese Wolfsmilch gibt es keinen gleichwertigen Ersatz.

Das Farbschema ist vielseitig und passt daher gut neben eine größere Sitzecke, auf die im Spätsommer die Abendsonne scheint. Besonders schön ist das Bild, wenn man es durch einige Töpfe mit Lilien und tiefviolette Heliotroppflanzen ergänzt.

Ansprüche Astern sind robuste, pflegeleichte Stauden, die alle paar Jahre geteilt werden müssen. Die meisten gedeihen in lichten Gehölzbeständen und müssen im Garten angebunden werden. Dabei muss man darauf achten, dass die Stäbe das Bild nicht zu sehr stören. *Euphorbia characias* ssp. *wulfenii* kann zu einer 1,5 m hohen und ebenso breiten Staude heranwachsen. Sie wächst am besten vor einer warmen Mauer und benötigt Winterschutz. Auch in milden Gegenden ist sie kurzlebig, sät sie sich aber häufig selbst aus, so dass man immer Nachwuchs zur Verfügung hat. Die Blütenstände treiben im zeitigen Frühjahr und können zur Hauptblütezeit recht groß sein. Mit ihrer leuchtend gelbgrünen oder etwas bräunlichen Farbe lassen sie diese Wolfsmilch lange Zeit interessant aussehen.

Beide Arten lieben sonnige oder halbschattige Lagen und eignen sich auch für nährstoffarme Böden. Zu viel Feuchtigkeit vertragen sie jedoch nicht.

Weitere Pflanzpartner Ich habe Astern und Wolfsmilch mit Artischocken, Bartfaden *(Penstemon* 'Burgundy') und Hohen Montbretien *(Crocosmia masoniorum)* kombiniert. Eine hübsche Alternative wären der Wiesenhafer *Helictotrichon sempervirens* und der Beifuß *Artemisia ludoviciana* 'Silver Queen'. Im Vordergrund machen sich Kaukasusvergissmeinnicht und Lungenkraut gut.

142 | Gärten von Pflanzensammlern

Links: Die Wolfsmilch im Vordergrund würde auch hervorragend zu rosa blühenden Alten Rosen wie 'Comte de Chambord' oder 'Chapeau de Napoléon' passen. Die Astern und die Wolfsmilch duften nicht. Wo es im Winter praktisch nicht friert, ist die Wolfsmilch *Euphorbia mellifera* mit ihren hübschen Blättern und den auffälligen, honigsüß duftenden Blütenständen einen Versuch wert. Wer eine solche Farbkombination wie hier gezeigt schon früher im Jahr bewundern möchte, sollte dem Beispiel von Margery Fish folgen und Spornblumen *(Centranthus ruber)* im ganzen Beet verteilt wachsen lassen.

Gärten von Pflanzensammlern

Rechts: Leuchtendes Scharlach- oder Kirschrot erscheint weicher, wenn man zartere Töne der gleichen Farbe und einige Tupfer noch kräftigerer Farben hinzufügt. Diese Kombination wurde durch hübsche Pflanzen eines Sammlers ergänzt. *Gegenüber:* Die Einbeere *Paris polyphylla* hebt sich mit ihren ausgefallenen Blütenständen sehr schön von der Großen Sterndolde (*Astrantia major*) ab. Diese Sterndolde besitzt zartrosa gefärbte fruchtbare Blütchen und ist bei Pflanzensammlern sehr beliebt.

Indigostrauch und Lein

Diese Aufsehen erregende Pflanzung vom Folkington Place im englischen East Sussex kombiniert den Indigostrauch *Indigofera heterantha* (*I. gerardiana*), der schon seit dem 16. Jahrhundert kultiviert wird, heute aber nur selten in Gärten zu finden ist, und den kirschrot blühenden einjährigen Lein *Linum grandiflorum* 'Rubrum'. Die zarten, dezenten Farben des Indigostrauchs machen dieses Paar zu einem wunderhübschen Hintergrund.

Unter den verschiedenen Indigostraucharten ist *I. heterantha* die beste Gartenpflanze. Von den zahlreichen Leinsorten ist dies die hübscheste rot blühende, doch auch der kräftig blaue Staudenlein *L. perenne* 'Blue Saphir' ist lohnend. Aus dem Indigostrauch kann man den blauvioletten Farbstoff Indigo gewinnen. Dazu wurde er früher vor allem in Amerika großflächig kultiviert, der Farbstoff wurde vor Ort verwendet und nach Europa exportiert. Der Lein ist nahe mit der hohen, blau blühenden, einjährigen Nutzpflanze *Linum usitatissimum* verwandt, die zur Öl- und Fasergewinnung (Flachs, Leinen) kultiviert wird.

Diese Kombination sollte in sonniger Lage an einer Mauer oder einem Zaun wachsen und passt in Gärten fast jeden Stils. Am besten bindet man einige Zweige des Indigostrauchs an der Mauer an. Man kann mit Indigostrauch und Lein auch den Wurzelbereich einer Waldrebe schattieren.

Ansprüche Indigosträucher sind niedrige, ausladende, Laub abwerfende Sträucher, die sonnige Standorte und etwas Winterschutz benötigen. Da sie manchmal kurzlebig sind, sollte man Samen sammeln oder im Spätfrühling Stecklinge schneiden. Der einjährige Lein wird im Spätfrühling direkt ins Freiland gesät, wenn der Boden sich erwärmt hat.

Weitere Pflanzpartner Ein guter Nachbar ist der prächtige Storchschnabel *Geranium wallichianum* 'Buxton's Variety'. Noch schöner sieht ein Storchschnabel mit auffälligeren Blättern aus, zum Beispiel *G. phaeum* 'Samobor' mit tief braunviolett geflecktem und gestreiftem Laub. Auch Kugelmalven (*Sphaeralcea*) sind eine schöne Ergänzung. So passt die ausgebreitete *S. munroana* mit ihren dezent gefärbten Blüten gut zu den helleren Farben des Indigostrauchs. Im Hintergrund machen sich Rosen und Waldreben gut (siehe die Kombinationen auf Seite 24–27).

Einbeere und Sterndolde

Die sehr selten in Gärten anzutreffende Einbeere *Paris polyphylla* stammt aus dem Himalaja und ist mit der bekannteren, aber kleineren europäischen Art *P. quadrifolia* verwandt. Sie passt sehr gut zu Großen Sterndolden *(Astrantia major)*. Ihre auffälligen Blätter und die eigenartig braunen Blütenstände heben sich gut von den grünlich elfenbeinfarbenen und rosa Blütenköpfen sowie den schleierartigen Blättern der Sterndolden ab.

Diese Einbeere ist nahezu einzigartig, nur *P. japonica* ist ähnlich, aber noch seltener in Kultur. *P. quadrifolia* wird nur 15 cm hoch. Eine Alternative zu *P. polyphylla* ist jedoch der Maiapfel *Podophyllum peltatum*, dessen junge Blätter violett gesprenkelt sind. *Podophyllum*-Arten besitzen durchaus ansehnliche, weiße oder hellrosa Blüten, die aber leider häufig unter dem Laub verborgen sind, und recht große, hängende Früchte.

Von den grünlich weißen Sterndolden gefällt mir *A. major* ssp. *involucrata* 'Shaggy' am besten. Auch tief dunkelrote Formen wie 'Hadspen Blood' sind lohnende Gartenpflanzen. *Podophyllum* lässt sich sehr gut mit altrosa Formen von *A. maxima* kombinieren.

Ansprüche Schattige Gehölzränder oder Lichtungen mit feuchtem, möglichst anmoorigem Boden sind die besten Standorte für diese Kombination, die sich vor allem in der Nähe eines Teichs gut macht. Da sie auch im Schatten von Gebäuden gedeiht, eignet sie sich zudem für Stadtgärten.

Die Sterndolde ist eine robuste Staude, die sich leicht durch Teilung vermehren lässt. Die Einbeere ist eine langlebige Staude, die sich nur langsam vermehrt. Wenn man Exemplare unterschiedlicher Herkunft kultiviert, bestäuben sich die Pflanzen oft gegenseitig, setzen große orangefarbene, giftige Beerenfrüchte an und säen sich selbst aus.

Der ebenfalls giftige Maiapfel ist nicht in jedem Gartencenter erhältlich, lässt sich aber leicht aus Samen anziehen und sät sich, einmal gepflanzt, auch selbst aus.

Weitere Pflanzpartner Hierzu passen andere Schatten liebende Pflanzen sehr gut, zum Beispiel Prachtspieren und Königsfarn oder Salomonssiegel und Schneerosen (siehe Seite 57). Man kann die Kombination auch durch *Rodgersia* 'Parasol' und weiß blühendes *Veronicastrum virginicum* verschönern, ebenso durch die pflaumenblau-schwarz blühende Form des Braunen Storchschnabels *(Geranium phaeum)*.

Fetthennen und Süßgräser

Die größeren Fetthennen *(Sedum)* mit ihren breiten, wachsartigen Blättern und den flachen, im Spätsommer geöffneten Blütenständen passen hervorragend zu Süßgräsern. Die rosa und rosaroten Farbtöne der *Sedum*-Blüten ergänzen das Gelbgrün und Silber der bogig überhängenden Grashalme.

Passende Gräser sind das Reitgras *Calamagrostis* x *acutiflora* und das Perlgras *Melica altissima* 'Atropurpurea' mit seinen glänzenden Blättern und violetten Blütenständen. Auch Gräser mit blauen Halmen sehen hier gut aus, besonders neben Fetthennen mit stark bereiften Blättern. Der Wiesenhafer *Helictotrichon sempervirens* passt gut zu Fetthennen, ebenso das hohe Riesenfedergras *(Stipa gigantea)*. Die Blütenstände der prächtigen Mähnengerste *(Hordeum jubatum)* heben sich besonders gut von den Fetthennen ab.

Lohnende Fetthennen sind *S. spectabile* und *S. telephium* mit Sorten wie *S. spectabile* 'Brilliant' in zarterem Rosa und 'Septemberglut'. Die weißen Sorten eignen sich dagegen nicht besonders.

Diese Kombination macht sich in modern gestalteten Gärten sehr gut, zum Beispiel in Form von großen, ineinander übergehenden Beständen. Man kann sie aber auch traditionell verwenden und als Grundlage eines roten Beets einsetzen, in dem auch Bartfaden, Dahlien, Fackellilien und andere Pflanzen wachsen.

Ansprüche Beide Pflanzpartner sind kräftige Stauden. Süßgräser, deren Ausläufer sich zu stark ausbreiten, können recht lästig werden. Reißen Sie Triebe aus, die das Wachstum der Fetthennen beeinträchtigen könnten! Gräser, die sich nicht durch Ausläufer vermehren, lassen sich teilen. *S. spectabile* und verwandte Fetthennen können im Frühjahr geteilt werden, indem man einige Triebe abreißt. Viele haben bereits kleine Wurzeln gebildet, anderenfalls kann man sie wie Stecklinge anziehen. Beide Pflanzpartner lieben sonnige Lagen mit fruchtbarem Boden, eignen sich aber auch für halbschattige Standorte und nährstoffarme Böden.

Weitere Pflanzpartner Auf dem links abgebildeten Foto wurde die Kombination durch den Knöterich *Polygonum amplexicaule* ergänzt. Hübsch sind auch Fackellilien (oben rechts), etwa die gelben Sorten 'Little Maid' und 'Percy's Pride' oder aber sehr große, lachsrosa blühende Sorten wie 'John Benary'. Um die rotvioletten Farben zu vertiefen, kann man eine der auffälligen dunkelroten Formen der Sterndolde *Astrantia major* verwenden.

Gegenüber: Die prachtvoll gefärbte Fetthenne *Sedum* 'Herbstfreude' passt gut zum Rohrglanzgras *Phalaris arundinacea* var. *picta* 'Feesey' mit seiner kühlen Eleganz. Das Gras wurde im Frühsommer stark zurückgeschnitten.

Oben: Ausgeprägte vertikale und horizontale Linien machen den Reiz dieser Kombination mit Fetthenne und Fackellilien *(Kniphofia)* aus. Nicht alle Fackellilien blühen im Spätsommer, achten Sie auf die Sorte! Die Blütenkerzen der empfehlenswerten Art *Kniphofia uvata* sind unten gelb und oben orangerot. Auch die Sorte 'Royal Standard' ist sehr hübsch. 'Brimstone' ist eine schöne, spät blühende Sorte mit gelben Blütenkerzen.

Links: In dieser außergewöhnlichen Pflanzung wurde eine purpurblättrige Fetthenne *Sedum telephium* (vermutlich 'Vera Jameson') mit einer tiefroten Großen Sterndolde *(Astrantia major)* kombiniert. Kühle Farben kommen durch die helle Schafgarbe hinzu, die auch durch *Artemisia ludoviciana* 'Powis Castle' oder eine andere silbrige *Artemisia* ersetzt werden könnte.

Rechts: Lerchensporn und Farne gedeihen in lichten Gehölzbeständen, aber auch im Schatten von Gebäuden. Bei mir wächst diese Kombination im Schatten von Töpfen neben einem kleinen Wasserbehälter.
Unten: Goldrute und *Silphium* sind eine ideale Präriepflanzenkombination. Ein besonders schönes Bild entsteht im Spätsommer, wenn sie um einen alten Schuppen herum wachsen.

Goldruten und *Silphium*

Der niederländische Künstler und Gartendesigner Ton ter Linden schuf dieses bunte Bild mit Gelb, Grün und Graublau, indem er *Silphium terebinthinaceum* mit Goldruten *(Solidago)* kombinierte. *Silphium* wurde im 18. Jahrhundert aus Amerika eingeführt und besitzt riesige, blaugrüne Blätter, die sich gut von den kühl gelben Blütenständen dieser Pflanzen und den wärmer gelben der Goldruten abheben. Besonders hübsch ist diese Kombination im Spätsommer, wenn viele andere Pflanzen bereits verblüht sind.

Die Auswahl an Goldruten ist nicht sehr groß, aber manche Formen sind besonders dicht, und einige tragen hellere oder mehr ins Ockergelb gehende Blüten. Verschiedene *Silphium*-Arten, zum Beispiel die Kompasspflanze *(S. laciniatum)*, besitzen dekorativ eingeschnittene Blätter.

Ansprüche *Silphium* und Goldrute sind winterharte Stauden, die sonnige Lagen mit nährstoffreichen, feuchten Böden lieben. Am besten teilt man die Horste alle paar Jahre.

Weitere Pflanzpartner Wie auf dem Foto können Sie Sonnenhut *(Rudbeckia)* als Ergänzung verwenden. Auch hohe Gräser wie das Chinaschilf *(Miscanthus sinensis)* oder Pampasgras *(Cortaderia selloana)* kommen infrage. Hübsch sind auch frühe, blau blühende Sorten der Glattblattaster *(Aster novi-belgii)*.

Lerchensporn und Farne

Ein besonders exotischer kleiner Farn ist der Frauenfarn *Athyrium niponicum* var. *pictum* (*A. niponicum* 'Metallicum') mit niedrigen, leicht purpurfarbenen Wedeln, deren Blättchen zur Mitte hin manchmal fast silbrig sind. In einer Pflanzung des in Amerika tätigen Gartendesigners Wolfgang Oehme sieht dieser Farn neben dem Gelben Lerchensporn (*Corydalis lutea*) bezaubernd aus. Die unterschiedlichen Blätter ergänzen sich gut, und die gelben Blütenstände des Lerchensporns bilden einen hübschen Blickfang.

Es gibt eine Reihe weiterer, pflegeleichter Lerchensporne. Schön ist die ebenfalls gelb blühende Art *C. cheilanthifolia* mit langen, gekräuselten, jung bräunlich grünen Blättern. Lohnend sind auch einige der wüchsigen Formen von *C. flexuosa* mit ihren großen blauen Blüten.

Ansprüche Lerchensporn und Farn lieben kühle, feuchte, schattige Standorte, wo sie auf Mauern, in gepflasterten Flächen und in Kübeln wachsen. Beide sind winterhart, achten Sie aber auf Schnecken, sie fressen die jungen Farnwedel gern ab, wodurch die ganze Pflanze eingehen kann.

Weitere Pflanzpartner Ein Teppich aus niedrigen Pflanzen bildet einen hübschen Hintergrund. Er kann aus Bubiköpfchen (*Soleirolia soleirolii*) bestehen (frostfrei überwintern), ebenso aus der Minze *Mentha requienii* oder dem Pfennigkraut (*Lysimachia nummularia*).

Beifuß und Königskerzen

Der Beifuß *Artemisia ludoviciana* 'Silver Queen' macht sich in jedem Garten gut. Hier hat Ton ter Linden ihn wunderschön mit der weiß blühenden Form der Schabenkraut-Königskerze (*Verbascum blattaria* f. *albiflorum*) kombiniert. Das Silber des Beifußes und die weißen Blüten der Königskerze bilden einen wundervollen Hintergrund für die kräftigen rosa- und malvenfarbenen Blüten der anderen Pflanzen.

Die Auswahl an silbernem Beifuß ist groß; diese Sorte zeichnet sich durch ihr auffallend vertikales Wachstum aus. Die gewöhnliche *V. blattaria* blüht bräunlich violett, die schöne Sorte *V. chaixii* 'Cotsworld Queen' beispielsweise honigfarben.

Ansprüche Beifuß und Königskerze sind Stauden. Der Beifuß bildet zahlreiche Ausläufer, die regelmäßig ausgelichtet werden sollten, damit die Pflanzen sich nicht zu stark ausbreiten. Die Königskerze ist recht kurzlebig und sollte daher als Zweijährige behandelt werden, von der man jedes Jahr Samen erntet und aussät. Beide Pflanzpartner lieben sonnige Lagen mit nährstoffreichem Boden.

Weitere Pflanzpartner Auf dem Foto wurde die Glockenblume *Campanula lactiflora* als Begleitpflanze eingesetzt. Sie kann durch ihre zartrosa blühende Sorte 'Loddon Anna' ergänzt werden. Im Hintergrund machen sich einige tief schwarzviolette Stockrosen gut. Für schöne Kontraste sorgen Sorten von *Campanula punctata* zwischen dem Beifuß.

Links: Die Kombination aus Beifuß und Königskerzen passt gut in Stadtgärten und in Cottage-Gärten. Eine efeubewachsene Mauer bildet einen wunderschönen Hintergrund. Die violetten Blütenkerzen auf diesem Bild gehören zu *Veronicastrum virginianum* 'Fascination'. Der besondere Gartenwert dieser Pflanze wurde von dem Niederländer Ton ter Linden entdeckt.

Edeldisteln und Beifuß

Der Gartendesigner Piet Oudolf legte diese zeitgenössische Kombination im Garten von Green Farm Plants im englischen Hampshire an. Sie eignet sich besonders für trockene Kiesgärten. Die dünnen, silbrigen Blätter des Beifußes *Artemisia alba* 'Canescens' heben sich deutlich von den breiten, mit kräftigen Stacheln bewehrten Hüllblättern der Elfenbeindistel *Eryngium giganteum* 'Silver Ghost' ab. Diese Elfenbeindistel ist die einzige *Eryngium*-Art mit so lange haltenden, derart stacheligen Hüllblättern. Die Auswahl an Beifuß ist größer: Der strauchige, kriechende Pontische Wermut (*A. pontica*) ist lohnend, die breitblättrige *A. stelleriana* bringt etwas Reinweiß ein, insbesondere die Sorte 'Morris Form'. Verschiedene Strohblumen (*Helichrysum*) passen sehr gut hierzu, doch das Currykraut (*H. angustifolium*) mögen viele wegen seines starken Geruchs nicht im Garten, vor allem nicht in der Nähe einer Sitzecke.

Ansprüche Ein günstiger Standort für diese Pflanzpartner ist ein trockenes, sonniges Beet. Die Edeldistel gedeiht auch an feuchteren Orten. Ideal ist ein sonniger, felsiger Hang, vor allem wenn er Stufen besitzt, die dem ausladenden Beifuß Platz bieten. Der Beifuß ist ein niedriger, ausgebreiteter Strauch. Die Edeldistel ist zweijährig, sät sich jedoch immer wieder selbst aus, wenn man die reifen Samenstände nicht abschneidet.

Weitere Pflanzpartner Die abgebildete Pflanzung zeigt das Heiligenkraut *Santolina pinnata* ssp. *neapolitana* 'Edward Bowles' mit silbrigen Blättern und cremefarben-senfgelben Blüten. Die Blüten des Heiligenkrauts verströmen einen stechenden Geruch, und manche Gartenfreunde schneiden die Büsche regelmäßig, damit sie nicht blühen. Es ist sinnvoll, das Heiligenkraut alle ein bis zwei Jahre zu schneiden, damit es kompakt bleibt und während der Blüte nicht auseinander fällt. Eine hübsche Ergänzung ist auch *Verbascum* 'Frosted Gold'. Die Kombination gewinnt auch durch tiefblaue Töne, zum Beispiel durch den auffälligen Salbei *Salvia patens*. Dieser Salbei benötigt guten Winterschutz, in kälteren Gebieten sollte man die Knollen lieber aus dem Boden nehmen und frostfrei überwintern. Auch *S. farinacea* ist hübsch. Lavendel ist ebenfalls zu empfehlen. 'Giant Tallest', die größte Sorte, sieht neben Edeldisteln wundervoll aus. Die Old-English-Gruppe von *Lavandula* x *intermedia* duftet besonders stark und ist gut schnittverträglich, gedeiht aber nur in milden Lagen.

Links: Im Licht des Spätnachmittags sieht diese Kombination aus Edeldisteln *(Eryngium)*, Beifuß *(Artemisia)* und Heiligenkraut *(Santolina)* besonders prächtig aus. Die Blütenköpfe der Edeldisteln locken Bienen und vor allem Hummeln an, auf die der Nektar als Schlafmittel zu wirken scheint. Der Beifuß bildet flache Schirme gänseblümchenartiger Blütenköpfe. Schneiden Sie ihn zurück, wenn er sparrig wird!

ZWEI BERÜHMTE GARTENDESIGNER:
Wolfgang Oehme und James van Sweden

Rechts: Hier wachsen ostasiatische Lilientrauben *(Liriope muscari)* mit dichten, violetten Blütentrauben, Fetthennen und Gräser in breiten Streifen, die in zarten Farben gehalten sind. Dies ist quasi ein nördliches Gegenstück zu den tropischen Pflanzungen des Gartendesigners Roberto Burle Marx.

Gegenüber unten: Diese Kombination bringt den Stil von Wolfgang Oehme und James van Sweden besonders gut zur Geltung. Goldfarbenes Reitgras *(Calamagrostis acutiflora* 'Karl Foerster') wächst neben dem Roten Sonnenhut *(Echinacea purpurea),* der blauvioletten *Perovskia atriplicifolia,* dem gelben Sonnenhut *Rudbeckia fulgida* 'Goldsturm' und der violetten Indianernessel *Monarda* 'Purpurkrone'.

WOLFGANG OEHME und JAMES VAN SWEDEN betreiben ein sehr gefragtes Garten- und Landschaftsbaubüro in Washington D.C. und besitzen einen besonderen Sinn für Pflanzen. Ihre Werke sind vielerorts in den USA und auch in den Niederlanden und Deutschland zu bestaunen. Der in Deutschland geborene Oehme durchlief zunächst eine Ausbildung in Gartenbau und Landschaftsarchitektur. Seit 1957 arbeitet er in den USA. James van Sweden studierte Stadtplanung und arbeitete zunächst in diesem Bereich. Er war früher in den Niederlanden tätig und lebt heute in den USA.

Oehmes und van Swedens Gärten sind oft recht architektonisch aufgebaut und von üppigen, frei gestalteten Stauden- und Ziergrasbeständen gekennzeichnet. Gebäude werden einbezogen, um den Garten fest in seiner Umgebung zu verankern.

Die beiden Gartendesigner verfügen über umfassende Kenntnisse der verschiedensten Pflanzen, die sie ständig erweitern. Ihre wundervollen Kombinationen finden viel Beachtung. Die überaus gelungene Verbindung von Skimmien mit *Mahonia japonica* und *Nandina domestica* eignet sich hervorragend für kleine Stadtgärten. In den letzten zehn Jahren haben sie sich bei ihren Gartengestaltungen mehr und mehr auf die amerikanische Flora konzentriert und verwenden von den Gehölzen zum Beispiel *Magnolia virginiana* (Sumpfmagnolie, eine wintergrüne Art aus dem Südosten Nordamerikas), *Oxydendrum arboreum* (Sauerbaum, ein baumförmiger Vertreter der Heidekrautgewächse aus dem Südosten Nordamerikas) und *Amelanchier* (Felsenbirne, eine Gattung der Rosengewächse mit vielen Vertretern in weiten Gebieten Nordamerikas), aber natürlich auch zahlreiche krautige Pflanzen der Prärien.

Ihr »Neuer Amerikanischer Garten« ist für sie ein Bild der überaus artenreichen amerikanischen Wiesen. Natürlich wissen sie, dass Prärien nicht für die ganzen USA typisch sind, und schaffen auch durchdachte, schöne Strauch- und Baumbestände, die komplexe, in Schichten gegliederte, natürliche Gehölzbestände in ihrer Struktur nachbilden.

Oben: Im Spätsommer blühen Federborstengras *Pennisetum alopecuroides* 'Moudry', violette *Aster tataricus* und die schöne *Anemone* x *hybrida* 'Honorine Jobert'.

Auswahl sehenswerter Gärten

Im Folgenden sind einige Gärten mit schönen Pflanzenkombinationen genannt, viele weitere sind in dem Buch „Gärten 1998/99 – Der Reiseführer zu privaten und öffentlichen Parks und Gärten in Deutschland" von Ronald Clark beschrieben, das im Callwey Verlag erschienen ist.

DEUTSCHLAND

Hermannshof
Babostr. 5, 69469 Weinheim/Bergstraße
Tel. 0 62 01/1 36 52
Geöffnet Di–So von April bis Sept. 10–19 Uhr, 2. März- und 1. Oktoberhälfte 10–18 Uhr
Herrliche Pflanzen und Pflanzenkombinationen

Westpark, München
Ende der Westendstraße
Ganzjährig täglich vom Morgengrauen bis zum Einbruch der Dunkelheit geöffnet
Eintritt frei
Viele Themengärten, besonders schöne »Prärie«-Pflanzungen krautiger Arten

FRANKREICH

Giverny
Musée Claude Monet, Giverny, 4 km östlich von Vernon
Geöffnet April–Okt., täglich außer Mo, 10–18 Uhr
Claude Monets berühmter Garten mit Seerosen, Schwertlilien, Rosen und Kapuzinerkresse

Le Bois de Moutiers
Varengeville-sur-Mer, Bretagne
Geöffnet Mitte März–Mitte Nov., Di–Fr 10–14 und 14–18 Uhr; Sa–Mo 14–19 Uhr
Ursprünglich von Gertrude Jekyll angelegter Garten

GROSSBRITANNIEN

Barnsley House Garden
Barnsley, bei Cirencester, Gloucestershire
Geöffnet Mo, Mi, Do, Sa 10–18 Uhr oder bis Sonnenuntergang
Rosemary Vereys wunderbar gestalteter Garten mit zauberhaften Pflanzenkombinationen

East Lambrook Manor
East Lambrook, bei South Petherton, Somerset
Geöffnet März–Okt., täglich außer So, 10–17 Uhr
Margery Fishs Cottage-Garten

Great Dixter
Northiam, 13 km nordwestlich von Rye, East Sussex
Geöffnet März–Okt., täglich außer Mo, 11–17 Uhr
Sehr große Pflanzenvielfalt, Formschnittgarten

Green Farm Plants
Bury Court, Bentley, bei Farnham, Hampshire
Ganzjährig geöffnet, Mi–Sa 10–18 Uhr
Von Piet Oudolf gestaltete Pflanzungen

Hadspen Garden
3 km südöstlich von Castle Cary, Somerset
Geöffnet März–Sept., Do–So und am Bank Holiday (Mo) 9–18 Uhr
Wunderschöner Garten, Nationale Rodgersia-Sammlung

Hestercombe
Cheddon Fitzpaine, bei Taunton, Somerset
Täglich geöffnet, 10–18 Uhr (im Winter bis 17 Uhr)
Wunderschön restauriert, ein Meisterwerk Gertrude Jekylls

Hidcote Manor
Hidcote Bartrim, bei Chipping Campden, Gloucestershire
Geöffnet April–Sept., täglich außer Di und Fr, 13–19 Uhr; im Okt. 11–18 Uhr
Hübsche Kombinationen von Lawrence Johnston

Inverewe
Poolewe, Ross and Cromarty, Highland Region, Schottland
Geöffnet März–Okt., täglich 9.30–21 Uhr
Felsige Halbinsel mit seltenen Pflanzen

Sissinghurst Castle
Sissinghurst, bei Cranbrook, Kent
Geöffnet April–15. Okt., Di–Fr 13–18.30 Uhr, Sa und So 10–17.30 Uhr
Vita Sackville Wests wunderschöner Garten

Sticky Wicket
Buckland Newton, bei Dorchester, Dorset
Geöffnet Mitte Juni–Mitte Sept. nur Do, 10.30–20 Uhr
Schwunghaft gestaltete Farbkombinationen

West Dean Gardens
8 km nördlich von Chichester, Sussex
Geöffnet März–Okt., täglich 11–17 Uhr
Gemischte Rabatten und Staudenrabatten, mit Küchengarten und Obstpflanzensammlung

White Barns House
Elmstead Market, Colchester, Essex
Geöffnet März–Okt., täglich außer So, 9–17 Uhr; Nov.–Febr., Mo–Fr 9–16 Uhr
Beth Chattos prächtiger Garten, Pflanzenverkauf

IRLAND

Ballymaloe
Shannagary, Midleton, 30 km östlich von Cork
Geöffnet April–Okt., täglich 9–18 Uhr
Architektonischer dekorativer Küchengarten und stilvolle Staudenrabatten

NIEDERLANDE

Ton ter Lindens Garten
Achterma 20, Ruinen, Drenthe
Geöffnet Ende April–Ende Sept., täglich außer Mo, 10–17 Uhr
Wunderschöne Pflanzenkombinationen

USA

U.S. National Arboretum
New York Avenue, Washington D.C.
Geöffnet täglich außer 25.12., 8–17 Uhr
Innovative Gestaltung von W. Oehme und J. van Sweden

Links, von oben nach unten: Hadspen House, Somerset, England; West Dean College, Sussex, England; Ballymaloe Cookery School Gardens, Co. Cork, Irland; Westpark, München.
Gegenüber, von oben nach unten: Great Dixter, East Sussex, England; Inverewe, Ross and Cromarty, Highland Region, Schottland; Hermannshof, Weinheim/Bergstraße; Sticky Wicket, Dorset, England.

Bezugsquellen

Die meisten der in diesem Buch vorgestellten Pflanzen werden in Gärtnereien häufig angeboten. Einige Betriebe, die auch seltenere Pflanzen anbieten, werden im Folgenden genannt. In den meisten Fällen sind diese Betriebe nicht die einzigen Bezugsquellen, sie stellen vielmehr nur eine Auswahl dar. Viele Spezialbetriebe inserieren in Gartenzeitschriften und versenden auf Anfrage Kataloge oder Lieferlisten. Eine weitere Hilfe bei der Suche nach besonderen Arten und Sorten ist der »PPP-Index, Pflanzen Einkaufsführer Europa« mit CD-ROM aus dem Verlag Eugen Ulmer (im Internet unter http://www.flora.de/daten/ppp/ppp.html abrufbar).

Baumschulen und Staudengärtnerei
CH-8476 Stammheim, Schweiz
Tel. 00 41/52 7 44 00 44
Ahorne, *Astrantia* 'Shaggy', Farne, *Delphinium*, *Fremontodendron*, *Geranium*, Gräser, *Hemerocallis*, *Hosta*, *Indigofera*, *Phlox*, Primeln, Päonien, Salbei, Veilchen

Botanische Raritäten
Bernd Wetzel
Kohlfurther Straße 141
D-42349 Wuppertal
Tel. 02 02/47 04 43
Meconopsis, *Kniphofia* 'John Benary', Päonien, *Paradisea liliastrum*, *Paris polyphylla*, *Podophyllum*

B & T World Seeds
Paquignan
F-34210 Olonzac, Frankreich
Tel. 00 33/46 8 91 29 63
Sonnenblumen, *Ipomoea hederacea*

Clematis-Kulturen
Friedrich Manfred Westphal
Peiner Hof 7
D-25497 Prisdorf
Tel. 0 41 01/7 41 04
Clematis, u. a. 'Etoile Rose'

Dahlienkulturen
Jürgen Wagschal
Klosterbergenstraße 26
D-21465 Reinbek
Tel. 0 40/722 16 22
Zahlreiche Sorten von *Canna*, Zwiebel- und Knollenpflanzen

Förster-Stauden GmbH
Am Raubfang 6
D-14469 Potsdam-Bornim
Tel. 0331/520294
Crambe cordifolia, *Geranium*, Gräser, *Hemerocallis*, *Hosta*, *Phlox*, Primeln, *Delphinium*, Salbei

Friesland Staudengarten
Uwe Knöpnadel
Husumer Weg 16
D-26441 Jever-Rahrdum
Tel. 0 44 61/37 63
Astrantia 'Shaggy', *Digitalis* 'Glory of Roundway', *Eryngium giganteum* 'Silver Ghost', *Erysimum* 'Moonlight', *Hemerocallis*, *Hosta*, *Iris*, Narzissen, *Paris polyphylla*

Monksilver Nursery
Joe Sharman & Alan Leslie
Oakington Road
Cottenham
GB-Cambridgeshire CB4 4TW
Tel. 00 44/19 54 25 15 55
Aster novae-angliae 'Lye End Beauty'
Versandhandel möglich

Pflanzenspezialitäten Albrecht Hoch
Potsdamer Straße 40
D-14163 Berlin
Tel. 0 30/8 02 62 51
Hemerocallis, *Iris*, Lilien, Päonien, *Tropaeolum speciosum*, Tulpen, Zwiebel- und Knollenpflanzen

Staudengärtnerei Dieter Gaissmayer
Jungviehweide 3
D-89257 Illertissen
Tel. 0 73 03/72 58
Erysimum 'Bowles Mauve', *Euphorbia*, *Geranium*, *Hemerocallis*, *Hosta*, *Iris*, *Phlox*

Staudengärtnerei Gräfin von Zeppelin
(Inh. Aglaja von Rumohr)
D-79295 Sulzburg-Laufen
Tel. 0 76 34/6 97 16
Chrysanthemen, *Geranium*, Gräser, *Hemerocallis*, *Hosta*, *Iris*, Päonien

Staudenkulturen Heinrich Hagemann
(Inh. Christine Abelbeck)
Walsroder Straße 324
D-30855 Langenhagen-Krähenwinkel
Tel. 05 11/73 76 44
Centaurea ruthenica, Chrysanthemen, *Delphinium*, Farne, *Geranium*, Gräser, *Hemerocallis*, *Hosta*, *Iris*, Nelken, *Phlox*, Primeln, Päonien, Rittersporn, Salbei, Veilchen

Vaste Plantenkwekerij
Jan Spruyt – van der Jeugd
Mostenveld 50
B-9255 Buggenhout, Belgien
Tel. 0032/52 333776
Allium schoenoprasum 'Album', *Paradisea liliastrum*, Mohn, Primeln, Schafgarbe, Veilchen

Staudenkulturen Irene und Petra Zinser
Burgwedeler Straße 46
D-30916 Isernhagen
Tel. 05 11/73 23 85
Gräser, Stauden, u. a. *Silphium*

Suffolk Herbs Ltd.
Monks Farm
Coggeshall Road
Kelvedon
GB-Essex CO5 1PG
Tel. 00 44/13 76 57 24 56
Großes Sortiment an Kohl und *Allium*, auch Rosenkohl 'Rubine'
Nur Versandhandel

ORGANISATIONEN UND GESELLSCHAFTEN

Bund deutscher Staudengärtner
Gießener Str. 47, D-35305
Grünberg, Tel. 0 64 01/91 01 55
Bezugsadressen für Stauden

Gesellschaft der Staudenfreunde e.V.
Meisenweg 1, D-65795
Hattersheim, Tel. 0 61 90/36 42

Verein Deutscher Rosenfreunde
Waldseestraße 14
D-76530 Baden-Baden
Tel. 0 72 21/3 13 02

Gesellschaft Schweizer Staudenfreunde
Wettsteinstr. 6, CH-8332 Russikon

Österreichische Gartenbau-Gesellschaft
Parkring 12
A-1010 Wien
Tel. 01/5 12 84 16
Internet: http://www.oegg.or.at/pr/oegg

The Cottage Garden Society
Hurstfield House
244 Edleston Road
Crewe
GB-Cheshire CW2 7EJ

The Royal Horticultural Society
80 Vincent Square
GB-London SW1P 2PE
Internet: http://www.rhs.org.uk

Register

Fett gedruckte Seitenzahlen beziehen sich auf die Beschreibungen der ausgewählten idealen Pflanzenkombinationen, *kursiv* gesetzte Seitenzahlen auf Abbildungen.

A

»A Complete Florilege« 11
Ahorn *(Acer)* 15, **42**, *43*, 89
Akelei *(Aquilegia)* 9, 15, 53, 109–**110**, *129*, 136
Alpendistel 124, *127*
altägyptische Gärten 7
Anemonen **134–135**, *153*
Apfel *15*, 35, 57, 69
Apothekerrose 71
Artischocke *(Cynara scolymus)* 69, 71, 74, *75*, 79, 142
Astern *17*, 35, *37*, *117*, **134–135**, **142**, *143*, 148, *153*
Astilboides tabularis 45
Azalee *42*, *43*, **45**

B

Ballymaloe Cookery School Gardens 154
Bambus 7, 9, 102–103, *139*
Banksrose 37, 99
Barnsley House 35, 85, 154
Barrington Court 14
Bartfaden *(Penstemon)* 142, 146
Bartiris 15, 51, *117*, 124, *128*, *138*
Beifuß *(Artemisia)* 111, 121, 134–136, 142, *147*, 149–**150**, *151*
Beloperone *138*, **139**
Berg-Waldrebe *(Clematis montana)* 21, 24
Bergenie 45, 56, 103
Berufkraut *(Erigeron)* **100**, *101*, 108
Binsenlilie 97
Blasenbaum *(Koelreuteria paniculata)* 35
Blauregen *(Glyzine)* 21, *43*, 65
Blaustern *(Scilla)* 51, **62**, *63*
Blumenrohr *(Canna)* **138–139**
Blutbuche 28, 51
Blutweiderich *(Lythrum salicaria)* 95
Blutwurz *(Sanguinaria canadensis)* 23, 95
Bohne 21, **70**, 74, 77, 82, 85
Breughel, Jan *13*
Brombeere *(Rubus fruticosus)* **32**
Buche *(Fagus sylvatica)* 28
Buchenhecken 50, **51**
Buchsbaum 85

C

Cardy 71, 74, 78, 134
Chatto, Beth 136, 138, 154
Chinaschilf *(Miscanthus)* 46, 102–*103*, 148

Christrose *(Helleborus)* 23, 32
Chrysanthemen **134**, *135*
Clematis (Waldrebe) **24–25**, 30
  'Belle Etoile' 58
  'Elsa Späth' *25*
  'Etoile Rose' 58
  'Gravetye Beauty' 30, 58
  'Hagley Hybrid' 35, 82
  'Henryi' *25*, 30
  'Huldine' 58
  'Jackmanii' *25*
  'Perle d'Azur' 30
  'Proteus' 30
  'The President' *82*
  'Venosa Violacea' *25*
  'William Kennett' *25*
  alpina 'Columbine' 23, 35
  x *bonstedtii* 'Côte d'Azur' 58
  flammula 24, 99
  hendersonii 120
  x *jouiniana* *25*, 99
  montana *20*, 24
  rehderiana 24
  texensis 24, 30
  viticella 24
Cottage-Gärten 16, *108*, 109–110, *118*, 141
Currykraut *(Helichrysum angustifolium)* 150

D

Dreiblatt *(Trillium)* 42
Dürer, Albrecht *11*

E

East Lambrook Manor 57, 129, 154
Eberraute 111
Echter Jasmin 23
Edeldisteln *(Eryngium)* **124**, **150**, *151*
Efeu *(Hedera)* 22, **23**, 30
Eibe *(Taxus baccata)* 15, **28**, *29*, 51–52
Einbeere *(Paris)* 144, **145**
Elfenbeindistel 150
Elfenblume *(Epimedium)* 51, **62**, *63*
Elgood, George Samuel *14–15*
Engelwurz *(Angelica archangelica)* 101, 141
Erbsen, violette **82**

F

Fackellilien *(Kniphofia)* 146, *147*
Falscher Jasmin (Pfeifenstrauch, *Philadelphus)* 51
Färberkamille *(Anthemis tinctoria)* *14*
Farne 45–46, **52–53**, 56, 59, 62, 65, 102–103, 141, *148*–**149**
Federborstengras *(Pennisetum)* 103, *153*
Federmohn *(Macleaya)* 21, **63**
Felberich *(Lysimachia)* 103, 121

Fenchel *(Foeniculum vulgare)* 78, 79, 137, *140*, **141**
  bronzefarbener *(F. vulgare* 'Purpureum') **72**, 137
Festuca glauca 42
Fetthennen *(Sedum)* **146**, *147*
Fingerhut *(Digitalis)* **95**, 98, 120, **126**
Fingerkraut *(Potentilla)* 121
Fish, Margery 57, 62, 118, 129, 154
Flieder 16
»Flora« 133
Frauenfarn *(Athyrium)* 23, 149
Frauenhaarfarn *(Adiantum cretica)* *139*
Frauenmantel *(Alchemilla mollis)* **56**, *57*, 100, 126
Fremontodendron **99**
Fresken 7–8, *11*
Funkien *(Hosta)* 30, *31*, 37, **48**, 50, **52–53**, *59*, 62, 65, 141

G

Gamander 100
»Garden Book« 133
Gartenreseda *(Reseda odorata)* 90–**91**, 126
Gedenkemein *(Omphalodes cappadocica)* 113
Geißbart *(Aruncus dioicus)* 56
Geißblatt siehe Heckenkirsche
Gelenkblume *(Physostegia virginiana)* 120
Gerard, John 11, 110
Giverny 14–15, 65, 154
Gladiolen 35, *119*, **136**
Glockenblume *(Campanula)* *20*, **90–91**, 98, *108*, 110, **111**, 112, *119*, *124*, 129, 149
Glockenrebe *(Cobaea scandens)* *32*
Glyzine *(Wisteria)* 15, 21, 30, 35, 37
Goldlack *(Cheiranthus cheiri)* 112, **113**
Goldnessel *(Lamium galeobdolon)* 101
Goldregen *(Laburnum)* 34, **35**, 99
Goldrute *(Solidago)* 56, **148**
Gräser 148
Gravetye Manor 21, 35, 97
Great Dixter 105

H

Hadspen House 137, *154*
Hanmer, Sir Thomas 133
Hartriegel *(Cornus florida)* 59
Hasenglöckchen *(Hyacinthoides)* 50
Heckenkirsche *(Lonicera)* 22, **23**–25, 28, 30, 112
Heiligenkraut *(Santolina)* *128*, **150–151**
»Herball« 11
Hermannshof 154
Hestercombe 14, 30, *36*, 37, 154

Hope, Frances 134
Hopfen *(Humulus lupulus)* 30, 85
Hornveilchen *(Viola cornuta)* 91
Hortensie *(Hydrangea)* 98, 105
»Hortus Eystettiensis« 133
Hundszahn *(Erythronium)* 50, **95**

I

Igelkolben *(Sparganium)* 103
Ilex siehe Stechpalme 23, 46, 53, 92
Indianernessel *(Monarda)* **127**, *152*
Indigostrauch *(Indigofera heterantha)* **144**
Inkalilien *108*, 137
Inverewe 154
Iris siehe Schwertlilie 45–47, 51, 53, 59, 92, 110–111
Italienische Waldrebe 24

J

Japananemonen *17*, 35, *117*, 134
Jasmin 8, 24, 99, 112
Jekyll, Gertrude 13–14, 19, 21, 30, 35–37, 41, 52, 56, 101, 118–119, 124, 129, 134, 154
Jelängerjelieber 28
Judassilberling *(Lunaria annua)* 50
Jungfer im Grünen *(Nigella damascena)* 74, *108*, **118–119**
Jungfernrebe *(Parthenocissus)* **32**, 37

K

Kapfuchsie *(Phygelius)* 28, 82
Kapuzinerkresse *(Tropaeolum)* 17, **28**, *29*, 52, 69–70, **76**–78, 83, 109
Katzenminze 127
Kaukasusvergissmeinnicht *(Brunnera macrophylla)* **101**, 103, 121, 142
Kiwi *(Actinidia)* 30
Kletterpflanzen 21, 24, 28, 30, 32, 37
Knöterich *(Polygonum amplexicaule)* *132*, 146
Kohl 71, **76–77**, 83, 127
Kompasspflanze 148
Königsfarn *(Osmunda regalis)* **46**, *47*
Königskerze *(Verbascum)* *13*, *108*, **120**, 136, *138*, 149–**150**
Königslilie 35
Kornblumen *(Centaurea)* **88**, **95**, 98
Kornrade *(Agrostemma)* 95
Kosmeen *(Cosmos)* 112
Krallenwinde 32
Krokus *(Crocus)* **44–45**
Küchengärten 16, 21, 65, 69, 71, 74, 76–78, 83, 85, 91, 109, 141, 154
Kugeldistel *(Echinops)* **120**, *121*, *132*
Kugelmalven 144
Kürbis 21, **70**, 77, 78, *84*, 85, 141
Kychicus, E. *13*

156 Register

L

Landschaftsgärten 12, 24, 109
Larkcom, Joy 78, 83
Lauch *(Allium)* 35, 74, **76–77**, 85, 118–119
Lavendel 30, *36*, **74**, *75*, 111–112, 117, 150
Lein *(Linum)* **98**, *99*, **144**
Leinkraut *(Linaria)* 96, **97**
Lerchensporn *(Corydalis)* 148, **149**
Ligularie 30, 45, **63**, 103
Lilie 9, 35, 37, 57, 118, 142
Lilientraube *(Liriope)* 152
Lindisfarne 14
Lloyd, Christopher 96, 105, 138
Lungenkraut *(Pulmonaria)* 45, 121, 142

M

Mähnengerste *(Hordeum jubatum)* 146
Maiapfel *(Podophyllum peltatum)* 145
Mais 21, **70**, 77, *79*
Mammutblatt *(Gunnera manicata)* 40, 42
Mandel-Waldrebe 24, 99
Marx, Roberto Burle 15
Meerkohl *(Crambe cordifolia)* 117
Mohn *(Papaver)* 88, **111**, **137–138**
Monet, Claude 14–15, *17*, 52, 64–65, 154
Montbretien *(Crocosmia masoniorum)* 108, 142
Moschusrose 23–24, 35
Munstead Wood 14, 21, *37*, 118
Muschelblume *(Molucella laevis)* 126
Muskatellersalbei 98, 117

N

Nachtviole *(Hesperis matronalis)* **110**, *111*
Narzisse 45, 65

O

Oehme, Wolfgang 15, 41, 102, 149, 152–153
Ölweide 138
Orchideen *104*
Oudolf, Piet 15, 96, 102, 150, 154

P

Pampasgras *(Cortaderia selloana)* 148
Paradieslilie *(Paradisea liliastrum)* 98
»Paradisi in Sole Paradisus Terrestris« 11
Parkinson, John 11, 110
Paxton, Sir Joseph 13
Perlfarn *(Onoclea sensibilis)* 59
Perlgras *(Melica altissima)* 146
Perlpfötchen *(Anaphalis)* 37
Perovskia atriplicifolia 152
Perückenstrauch *(Cotinus coggygria)* **58**, *59*
Pfeifenstrauch *(Philadelphus)* 50, **51**
Pfennigkraut *(Lysimachia)* 149
Pfingstrose *(Paeonia)* 45, 95
Phlox 35, 63, *108*, *127*
Porree 74, *75*, **76–77**, *84*
Prachtspiere *(Astilbe)* **46**, *47*, 53, 105, 145
Prärielilien *(Camassia)* 104
Primel 30, **46–47**, 52, **59**, 89, 105
Prunkwinde *(Ipomoea)* 32, *140*, **141**
Purpurglöckchen *(Heuchera)* 134

R

Rabattengärten 12–13
Rasselblume *(Catananche caerulea)* **126**, *127*
Rauke *83*
Rea, John 11, 133
Reitgras *(Calamagrostis x acutiflora)* 103, 146, *152*
Renoir, Auguste 13
Rhabarber *(Rheum)* 129
Rhododendron 45
Riesenbärenklau *(Heracleum mantegazzianum)* 101
Riesenfedergras *(Stipa gigantea)* 95, 103, 146
Riesenlauch 35
Ringelblume *(Calendula officinalis)* 70, **71**, 85, 109, **112**
Rittersporn 14, 37, **117**–118, 124
Robinson, William 13, 21, 30, 35, *37*, 41, 51, 89, 95–97, 101
Rodgersie *(Rodgersia)* 30, 45–**46**, *47*, 103, 145, 154
Rohrglanzgras *(Phalaris arundinacea)* 101
Römischer Ampfer 74
Rosa 20, 21, *22*, **23–25**, 30, **35**, *36*, 65, 72, 85, 92, 99, *108*, 110–112, 119, 124, 126, 141, 144
 'Aloha' 23
 'American Pillar' 25
 'Awakening' 24
 'Blush Noisette' 23, 35
 'Bobbie James' 35
 'Constance Spry' 24
 'Golden Showers' 24
 'Ispahan' 15, 124
 'Karlsruhe' 25
 'Madame Alfred Carrière' *34*
 'New Dawn' 23
 'Old Blush China' *91*
 'Paul's Himalayan Musk' 23, 35
 'Paul's Scarlet Climber' 25
 'Rambling Rector' 23, 35
 'The Garland' 23, 35, 37
 'White Pet' 30
 x *alba* 'Alba Maxima' 23–24
 banksiae 37, 99
 filipes 'Kiftsgate' 35
 gallica var. *officinalis* 71
 glauca 105, 119
 moschata 24
 moyesii 119, 137
 pimpinellifolia 92
 rubiginosa 72

S

Säckelblume *(Ceanothus)* **99**
Sackville-West, Vita 15, 30, 35, 129, 154
Salbei *(Salvia)* 13, 98, *108*, **117**, *119*, **121**, **127**, 129, 150
Salomonssiegel *(Polygonatum)* 57
Schachbrettblume *(Fritillaria meleagris)* 105
Schafgarbe *(Achillea)* **117**, **120–121**, *147*
Schaumkraut *(Cardamine)* 95
Scheinmohn *(Meconopsis)* **59**, *92*, *95*
Schildblatt *(Darmera peltata)* 42, 57
Schildfarn *(Polystichum)* 45, *53*
Schlafmohn *(Papaver somniferum)* 14–15, 85, *117*, 138
Schleierkraut *(Gypsophila paniculata)* **120**
Schlüsselblume *(Primula veris)* 105
Schneeglöckchen *(Galanthus nivalis)* **44–45**
Schneerose *(Helleborus)* 23, **57**, 129, 145
Schnittlauch 71, 74, *75*, 76, 77
Schönranke *(Eccremocarpus scaber)* 82
Schöterich *(Erysimum)* 113
Schwarznessel *(Perilla)* 105
Schweifähre *(Stachyurus praecox)* 62
Schwertlilie *(Iris)* 9, 14, *16*, 30, 40, 41–42, 44, **45**, 46–47, 51–53, **59**, 62, 65, 89, 92, 110–111, *117*, 129, 154
Seerosen *(Nymphaea)* 8, 15, 41–**42**, *43*, 44, **48**, *50*, 52, 57, *64–65*
Seggen *(Carex)* 42, 46–47, 52, **102–103**, *140*
Senf *83*
Silberblatt *(Lunaria rediviva)* **50**
Silberkerze *(Cimicifuga)* **121**
Silphium **148**
Sissinghurst 15, 30, 35, 129, 154
Sonnenblume *(Helianthus annuus)* 74, **78**, *79*, 112, 121
Sonnenhut *(Echinacea purpurea, Rudbeckia)* *84*, 103, **121**, 148, *152*
Sonnenröschen *(Helianthemum)* **137**
Spornblume *(Centranthus ruber)* 20, 35, 95, 96, **97**, **100**, *101*, *128*, 129
Staudengarten 13
Stechapfel 23
Stechpalme *(Ilex)* *22*, **23**, 51
Steinquendel 74
Steppenkerze *(Eremurus)* **138**
Sterndolde *(Astrantia major)* 129, 144, **145**–146, *147*
Sternwinde **32**
Sticky Wicket 154
Stiefmütterchen 91, 95
Stockrose *(Alcea rosea)* 110
Storchschnabel *(Geranium)* 58, **98**, *99*, 144–145
Straußenfarn *(Matteuccia struthiopteris)* 46, *47*, 59
Sumpfschwertlilie 30, 45, 59, 92
Sumpfwolfsmilch 72
Süßdolde 72
Süßgräser **102–103**, 146

T

Taglilie *(Hemerocallis)* **56**, *57*, *72*, *75*, 79, *137*
Tamariske *(Tamarix)* 15, 138
Teichbinse 48
»The Wild Garden« 13, 41
Thymian **74**
Tränendes Herz *(Dicentra spectabilis)* 62, *63*
Trauerweide *(Salix babylonica)* 8, **42**, *43*, 65
Tulpen 13, **112**, **113**, 141
Tüpfelfarn *(Polypodium vulgare)* 53

V

van Gogh, Vincent 15
van Sweden, James 15, 41, 102, 152–153
Veilchen *(Viola)*, 9, **90–91**, *95*
Verbenen *(Verbena bonariensis)* **138**
Verey, Rosemary 30, 35, 84–85, 154
Vergissmeinnicht *(Myosotis)* **92**, *95*, *113*
Veronicastrum virginicum 145, *149*

W

Walderdbeeren 91
Waldgärten 16, 41, 44, 59, 95
Waldgeißblatt 23
Waldrebe (siehe auch *Clematis*) 23, **24–25**, 30, 35, 37, **58**, *59*, 82, 99, 120, 141, 144
Wasserdost *(Eupatorium)* 103
Weigelie **50**, **51**
Weinrebe *(Vitis)* 9, 21, 25, **30**, *31*, 35, 37, *68*, 69, 70
Weinrose 72
West Dean College 154
Westpark 154
Wiesenbocksbart *(Tragopogon pratensis)* 104–105
Wiesenhafer *(Helictotrichon sempervirens)* 142, *146*
Wiesenmargeriten *(Leucanthemum)* 105
Wiesenraute *(Thalictrum)* 30, 45, 136
Wildblumenwiesen 16, 89
Wilder Wein *(Parthenocissus)* 32, 37
Wolfsmilch *(Euphorbia)* 35, 62, *72*, *79*, 119, **128**, 136, **140**, *142*, *143*
Wurmfarn *(Dryopteris filix-mas)* 23, 46, 53, 92

Z

Zierkohl *68*, *70*, **71**, 76
Zierlauch *(Allium)* **35**, 53, **118–119**, 136, 138
Zimbelkraut *(Cymbalaria)* 100
Zistrose *(Cistus)* **136**

Bildquellen und Danksagung des Autors

1 Saxon Holt (Keeyla Meadows Garden, Kalifornien, USA); 2 Andrew Lawson; 3 Juliette Wade/The Garden Picture Library; 4–5 Gary Rogers/The Garden Picture Library; 6 oben Sothebys, London; 6 unten E.T Archive; 7 Ägyptisches Museum, Kairo/E.T Archive; 8 Museo Nazionale Romano delle Terme, Rom/AKG, London; 9 unten links Musee du Bardo, Tunis/Gilles Mermet/AKG, London; 9 unten rechts Musee de Cluny, Paris/E.T Archive; 10 Chateau de Maintenon, Frankreich/E.T Archive; 11 links British Library, London/Bridgeman Art Library, London/New York; 11 unten rechts Graphic Collection Albertina, Wien/Erich Lessing/AKG London; 12 oben Kunsthistorisches Museum, Wien/Erich Lessing/AKG, London; 12 unten Badminton House/E.T Archive; 13 Hermitage, St. Petersburg/Bridgeman Art Library, London/New York; 14 oben Sammlung Thyssen-Bornemisza, Madrid/AKG, London; 14 unten links Christopher Wood Gallery, London/Bridgeman Art Library, London/New York; 14 unten rechts The Mallett Gallery, London/Bridgeman Art Library, London/New York; 16 Hermitage, St. Petersburg/Bridgeman Art Library, London/New York; 17 Österreichische Galerie, Wien/Bridgeman Art Library, London/New York; 18–19 Roger Foley; 20 oben links J C Mayer-G Le Scanff („Le Baque' (47), Frankreich); 20–21 John Miller/The Garden Picture Library (Sissinghurst, Kent); 22 oben John Glover; 22 unten Mayer/le Scanff/The Garden Picture Library; 24 Howard Rice/The Garden Picture Library (Royal National Rose Society, Herts); 25 Derek Fell; 26 links Derek Fell; 26–27 Jerry Harpur (Designerin Arabella Lennox-Boyd, London); 27 rechts Roger Foley; 28–29 Lamontage/The Garden Picture Library (Hidcote Manor, Glos); 29 rechts Lamontagne/The Garden Picture Library; 31 oben Andrew Lawson; 31 unten Ursel Borstell (Eigentümerin Toos Gerritsen, Niederlande); 32 Juliette Wade/The Garden Picture Library (Shucklets, Oxon); 33 Mayer/Le Scanff/The Garden Picture Library; 34 rechts Jerry Harpur (Designerin Rosemary Verey/Barnsley House, Glos); 34 links Sunniva Harte (Groombridge Place, Kent); 36 Erika Craddock/The Garden Picture Library (Hestercombe Gardens, Somerset); 37 oben John Glover/The Garden Picture Library (Munstead Wood, Surrey); 37 unten JS Sira/The Garden Picture Library (Folly Farm, Berkshire); 38–39 Ursel Borstell; 40 links John Glover/The Garden Picture Library (Designer Bunny Guinness, Chelsea Flower Show 1995); 40–41 Ron Evans/The Garden Picture Library; 42 John Glover; 43 Brigitte Thomas/The Garden Picture Library (Giverny, Frankreich); 44 John Glover/The Garden Picture Library; 45 S & O Mathews (Hightown Farm, Hants); 46 S & O Mathews (Sir Harold Hillier Gardens and Arboretum, Hants); 47 oben S & O Mathew (RHS Wisley, Surrey); 47 unten S & O Mathews (RHS Wisley, Surrey); 48–49 S & O Mathews (RHS Wisley, Surrey); 50 oben Ursel Borstell (Eigentümerin Lidy Kloeg, Niederlande); 50 unten Howard Rice/The Garden Picture Library; 51 Howard Rice/The Garden Picture Library; 52–53 oben S & O Mathews; 52–53 Mitte Sunniva Harte (Spinners Nursery, Hants); 52–53 unten Steven Wooster/The Garden Picture Library; 54–55 Ursel Borstell (Eigentümerin Laura Dingemans, Niederlande); 56 Marianne Majerus; 57 oben Ursel Borstell (Eigentümerin Laura Dingemans, Niederlande); 57 unten Andrew Lawson (East Lambrook Manor, Somerset); 58 S & O Mathews (Little Court, Hants); 59 Juliette Wade (Well Cottage, Herefordshire); 60 links JS Sira/The Garden Picture Library (Savill Garden, Surrey); 60–61 Mitte Jerry Harpur (Inverewe Garden, Ross & Cromarty, Schottland); 61 rechts Howard Rice (University of Cambridge Botanic Garden); 62 oben Howard Rice (University of Cambridge Botanic Garden); 62 unten Andrew Lawson; 63 Kim Blaxland/The Garden Picture Library; 64 Andrew Lawson (Giverny, Frankreich); 65 oben J C Maye Le Scanff (Fondation Claude Monet (27), Frankreich); 65 unten S & O Mathews (Claude Monet's Garden, Giverny, Frankreich); 66–67 S & O Mathews (RHS Wisley, Surrey); 68 links S & O Mathews (North Court, Isle of Wight); 68–69 J C Mayer-G Le Scanff (Designer Eric Ossart, Festival des Jardins de Chaumont s/Loire (41), Frankreich); 70 David Cavagnaro; 71 Ursel Borstell (Pflanzenhandel Coen Jansen, Niederlande); 72–73 Stephen Robson (Seattle Tilth Garden); 74 Ron Evans/The Garden Picture Library (Woodpeckers, Warcs); 75 oben Stephen Robson (Hadspen Garden and Nursery, Somerset); 75 unten S & O Mathews; 76 oben Jacqui Hurst/The Garden Picture Library (Designerin Joy Larkcom); 76 unten J C Mayer-G Le Scanff (Domaine de Saint-Jean de Beauregard (91), Frankreich); 77 Juliette Wade (Rofford Manor, Oxon); 78–79 Stephen Robson (Sticky Wicket, Dorset); 80–81 John Glover (Sticky Wicket, Dorset); 82 John Ferro Sims/The Garden Picture Library; 83 Jerry Pavia; 84 Andrew Lawson (Designerin Rosemary Verey, Barnsley House, Glos); 85 oben Jerry Harpur (Designerin Rosemary Verey, Barnsley House, Glos); 85 unten Jerry Harpur (Designerin Rosemary Verey, Barnsley House, Glos); 86–87 Ursel Borstell; 88 links J C Mayer-G Le Scanff (Jardin de Talos (09), Frankreich); 88–89 J C Mayer-G Le Scanff (Le Jardin de Campagne (95), Frankreich); 90 Henk Dijkman/The Garden Picture Library (Garten Ineke Greve, Niederlande); 91 oben Michele Lamontagne; 91 unten Andrew Lawson (Designer Wendy Lauderdale); 92–93 John Glover; 94 Juliette Wade/The Garden Picture Library; 95 John Glover; 96 Clive Nichols (Designerin Julie Toll); 97 Erika Craddock/The Garden Picture Library (Les Bois des Moutiers, Frankreich); 98 oben Andrew Lawson (Designer Urs Walser, Weinheim, Deutschland); 98 unten Sunniva Harte/The Garden Picture Library (Folkington Place, East Sussex); 99 Ken Druse; 100 Steven Wooster/The Garden Picture Library (Park Farm, Essex); 101 Jerry Pavia/The Garden Picture Library; 102–103 oben Jerry Harpur (Designer Oehme & Van Sweden, Washington DC, USA); 102–103 Mitte Piet Oudolf (Designer Piet Oudolf); 102–103 unten Piet Oudolf (Designer Piet Oudolf); 104 JS Sira/The Garden Picture Library (Great Dixter, East Sussex); 105 oben Jerry Harpur (Great Dixter, East Sussex); 105 unten Jerry Harpur (Great Dixter, East Sussex); 106–107 Andrew Lawson (Eastgrove Cottage Nurseries, Worcestershire); 108 links Sunniva Harte (Groombridge Place, Kent); 108–109 Steven Wooster; 110 Jerry Pavia (Grivaz, Frankreich); 111 Ron Evans/The Garden Picture Library; 112 Juliette Wade; 113 Howard Rice (Clare College, Cambridge); 114 links Howard Rice; 114–115 Mitte Howard Rice; 115 rechts John Glover; 116 oben S & O Mathews (Little Court, Hants); 116 unten Juliette Wade (Little Court, Hants); 117 S & O Mathews (RHS Wisley, Surrey); 118 Andrew Lawson; 119 oben Sunniva Harte; 119 unten Marijke Heuff/The Garden Picture Library; 120–121 oben S & O Mathews (Sir Harold Hillier Gardens and Arboretum, Hants); 120–121 Mitte John Glover; 120–121 unten Howard Rice (University of Cambridge Botanic Garden); 122–123 Howard Rice (University of Cambridge Botanic Garden); 124 John Glover/The Garden Picture Library (Dillon Garden, Irland); 125 Ron Evans/The Garden Picture Library (Bakers House, Shrops.); 126 John Glover; 127 Clive Nichols (Green Farm Plants, Designer Piet Oudolf); 128 Jerry Harpur (East Lambrook Manor, Somerset); 129 oben Andrew Lawson (East Lambrook Manor, Somerset); 129 unten Steven Wooster/The Garden Picture Library (East Lambrook Manor, Somerset); 130–131 Sunniva Harte (Eigentümer Ethne Clark); 132 links Steven Wooster (Designerin Beth Chatto, Beth Chatto Gardens, Essex); 132–133 Clive Nichols (Green Farm Plants/Designer Piet Oudolf); 134 Derek St Romaine; 135 S & O Mathews (RHS Wisley, Surrey); 136 Steven Wooster (Designerin Beth Chatto, Beth Chatto Gardens, Essex); 137 Jerry Pavia (Hadspen Garden and Nursery, Somerset); 138 Andrew Lawson (Designerin Beth Chatto, Beth Chatto Gardens, Essex); 139 oben Jerry Pavia (Longwood Garden, Penn, USA); 139 unten Andrew Lawson (Designer Christopher Lloyd, Great Dixter, East Sussex); 140 Sunniva Harte; 141 Roger Foley (US Botanical Garden, Washington DC); 142–143 Sunniva Harte (Merriments Garden, East Sussex); 144 Sunniva Harte; 145 Lamontagne/The Garden Picture Library; 146 John Glover; 147 oben S & O Mathews (Beth Chatto Garden, Essex); 147 unten Clive Nichols (Green Farm Plants/Designer Piet Oudolf); 148 oben Roger Foley (Wolfgang Oehme Garden, USA); 148 unten links Derek Fell (Ton ter Linden Garden, Niederlande); 149 Jerry Harpur (Designer Ton ter Linden, Niederlande); 150–151 Clive Nichols (Green Farm Plants/Designer Piet Oudolf); 152 Jerry Harpur (Designer Oehme & Van Sweden, Washington DC, USA); 153 oben Roger Foley (Oehme Garden/Designer Oehme & Van Sweden); 153 unten Roger Foley (Designer Oehme & Van Sweden, Robinson Garden, USA); 154 oben Jerry Pavia (Hadspen House, Somerset); 154 oben Mitte Stephen Robson (West Dean College, Sussex); 154 unten Mitte Stephen Robson (Ballymaloe Cookery School Gardens, Co. Cork, Irland); 154 unten Jerry Harpur (Westpark, München, Deutschland); 155 oben Steven Wooster (Designer Christopher Lloyd, Great Dixter, East Sussex); 155 oben Mitte Jerry Harpur (Inverewe Garden, Ross & Cromarty, Highland); 155 unten Mitte Andrew Lawson (Designer Urs Walser, Weinheim, Deutschland); 155 unten John Glover (Sticky Wicket, Dorset)

Danksagung des Autors

Für ihre Hilfe beim Entstehen dieses Buchs danke ich: Joy Larkcom, Ethne Clarke, David Shapero, meinen Freunden im Internet und dem Team von Conran Octopus.